考前充分準備　臨場沉穩作答

108課綱

升科大／四技二專 ▶ 應試科目表

<table>
<tr><th colspan="2">群別</th><th>共同科目</th><th>專業科目</th></tr>
<tr><td colspan="2">機械群</td><td rowspan="7">1. 國文
2. 英文
3. 數學(C)</td><td>1. 機件原理、機械力學
2. 機械製造、機械基礎實習、機械製圖實習</td></tr>
<tr><td colspan="2">動力機械群</td><td>1. 應用力學、引擎原理、底盤原理
2. 引擎實習、底盤實習、電工電子實習</td></tr>
<tr><td rowspan="2">電機與電子群</td><td>電機類</td><td>1. 基本電學、基本電學實習、電子學、電子學實習
2. 電工機械、電工機械實習</td></tr>
<tr><td>資電類</td><td>1. 基本電學、基本電學實習、電子學、電子學實習
2. 微處理機、數位邏輯設計、程式設計實習</td></tr>
<tr><td colspan="2">化工群</td><td>1. 基礎化工、化工裝置
2. 普通化學、普通化學實習、分析化學、分析化學實習</td></tr>
<tr><td colspan="2">土木與建築群</td><td>1. 基礎工程力學、材料與試驗
2. 測量實習、製圖實習</td></tr>
<tr><td colspan="2">工程與管理類</td><td>1. 物理(B)
2. 資訊科技</td></tr>
<tr><td colspan="2">設計群</td><td rowspan="4">1. 國文
2. 英文
3. 數學(B)</td><td>1. 色彩原理、造形原理、設計概論
2. 基本設計實習、繪畫基礎實習、基礎圖學實習</td></tr>
<tr><td colspan="2">商業與管理群</td><td>1. 商業概論、數位科技概論、數位科技應用
2. 會計學、經濟學</td></tr>
<tr><td colspan="2">食品群</td><td>1. 食品加工、食品加工實習
2. 食品化學與分析、食品化學與分析實習</td></tr>
<tr><td colspan="2">農業群</td><td>1. 生物(B)
2. 農業概論</td></tr>
</table>

群別		共同科目	專業科目
外語群	英語類	1. 國文 2. 英文 3. 數學(B)	1. 商業概論、數位科技概論、數位科技應用 2. 英文閱讀與寫作
	日語類		1. 商業概論、數位科技概論、數位科技應用 2. 日文閱讀與翻譯
餐旅群			1. 觀光餐旅業導論 2. 餐飲服務技術、飲料實務
海事群			1. 船藝 2. 輪機
水產群			1. 水產概要 2. 水產生物實務
衛生與護理類		1. 國文 2. 英文 3. 數學(A)	1. 生物(B) 2. 健康與護理
家政群幼保類			1. 家政概論、家庭教育 2. 嬰幼兒發展照護實務
家政群生活應用類			1. 家政概論、家庭教育 2. 多媒材創作實務
藝術群影視類			1. 藝術概論 2. 展演實務、音像藝術展演實務

～以上資訊僅供參考，請參閱正式簡章公告為準！～

目次

Chapter 05　連鎖企業及微型企業創業經營

Chapter 06　行銷管理

Chapter 07　人力資源管理

Chapter 08 財務管理

Chapter 09 商業法律

Chapter 10 商業未來發展

Chapter 11 近年試題

解答與解析

準備要領與本書特色

如何準備商業概論？

這門學科是以民國一零八年商業概論的課綱為編寫基礎，相較舊課綱又加入不少新的議題，例如：勞動基準法及勞退新制的介紹、電子商務的法律議題與電子商業環境的介紹等，新課綱內容的調整與增添主要是順應整體商業環境的變動，培養學習者實務體驗能力期能學以致用。由於實務內容相較原有課綱增加許多，複雜度也提高不少，這些是過去沒有，甚至也無相關的參考資訊可以尋求該出題軌跡。所以準備統測時除了依命題大綱的內容建立完整且清晰的觀念，對於新的主題也必須再加以練習這方面的題目。

本書的特色

由於本書非教學用書，是定位於升學複習之用，編寫時依坊間較普及的高職教科書及升學用書的內容加以整理，針對每一章節作有系統且連貫的整理，同時顧及研讀的時間成本，盡量減少冗長的文字說明。此外，在每一章末更將該章屬於整合的考題列示在後，能熟悉各種出題情境。

本書的使用方法

先快速地研讀每一章節的重點，接著再把每一章後的題目逐題作完，若不清楚之處，務必立即翻閱重點整理，並作上記號，以作為下次複習時需特別注意之處。由於內容繁雜所以考題也會朝向理解和記憶的方式，所以多熟習題型是取得高分的要領，建議可配合本人所編寫的《商業概論【歷年試題＋模擬考】》一書一起研讀，應可收事半功倍之效。

王志成　於桃園

〔本書主要參考書目〕

- 吳文立、李亮生，商業概論（上）（下），旗立資訊股份有限公司，民國一百零八年五月初版。
- 陳忠孝，商業概論完全攻略（四技二專），台北：千華數位文化，民國九十六年八月。
- 高級商業職業學校用書，商業概論，龍騰文化，民國一百年七月。
- 林建煌，企業概論（二版），台北：華泰文化，民國九十九年七月。
- 教育大市集／高中職資訊教學／商業概論。

113 年命題關鍵與方向分析

113年商業概論的命題章節分佈（詳下表），每一章都有考題出現，其中第八章出4題，第一章、第二章、第三章、第六章、第七章各出3題，而第四章與第九章則各出2題，第五章與第十章僅出1題。今年的考題有一特色就是出現不少題組，每一題組的題目有兩題至三題，但是大部分都是同一章出現的題目，只要將題目多看幾次應該都可以順利作答的。此外，考試題目趨向簡易，只要熟讀課文內容，相信大家都可以拿到滿意的分數。未來的命題趨勢應該會朝生活化、容易辨識與偏向理解為方向，而刁鑽與記憶性的題目應該會大量減少。今年的試題在老師編寫的108年課綱的「商業概論完全攻略」大部分都可以找到出處，相信閱讀本書者應該有不錯的成績。

由於商業概論所討論的議題非常廣泛，常使人有不知從何準備起的感覺，這幾年的命題趨勢可以看出以理解應用的實例為導向，所以名詞一定要弄清楚，但也很少考那種第一點是什麼？第二點又是什麼的記憶性的內容。畢竟商業環境是變動的，應該培養同學們如何看問題以及解決問題的能力，不是一味地考記憶或在網路上即可查詢到的事物。建議參考老師所編寫的「商業概論完全攻略」建立完整的學習架構，再輔以「商業概論（歷年試題+模擬考）」做為各類題目的練習，將可收事半功倍之效。

主題	出題數
第一章　商業基本概念	3
第二章　企業家精神與創業	3
第三章　商業現代化機能	3
第四章　商業的經營型態	2
第五章　連鎖企業及微型企業創業經營	1
第六章　行銷管理	3
第七章　人力資源管理	3
第八章　財務管理	4
第九章　商業法律	2
第十章　商業未來發展	1

Chapter 01

商業基本概念

一、商業的意義

狹義的商業是指：凡以營利為目的，直接或間接向生產者購進貨物，再轉賣給他人之經濟行為。廣義的商業則是指：凡以營利為目的，直接或間接以貨物、金錢或勞務供給他人，而滿足需要者的經濟行為。

(一) 商業行為成立的條件

商業活動必須同時符合四項條件：

1. 發生交易行為。
2. 以營利為目的。
3. 出於合法手段。
4. 出於雙方自願。

(二) 商業的要素

- 勞務：指業主與從業人員的勞動、經驗、知識和技能。
- 商品：指的是商業經營之標的物，包括有形的商品和無形的勞務。
- 資本：指的是供生產或營業使用之資金，機器設備。
- 商業信用：指的是債權人信賴債務人未來的償債能力，而願意在現在讓債務人賒購商品或借款。
- 商業組織：結合商業經營的要素，組織型態及營運方式的營利組織。

(三) 商業起源的原因

1. 人類的欲望需求。
2. 人類智能的差異。

3. 地理資源的不同。
4. 交通運輸的發達。
5. 商人謀利的動機。
6. 生產技術的進步。

(四) 商業的發展

以物易物交易時期（直接交換時期）	因為交易媒介或貨幣尚未出現，沒有共同的價值計算標準，僅透過「以物易物」的方式交換。
貨幣交易時期（間接交換時期）	以金、銀、銅、紙幣等作為價值計算標準的交易媒介。
信用交易時期	具有延期支付的承諾，可代替貨幣的交易媒介。

(五) 商業的演進：依產銷經營觀點分為五個時期

家庭生產時期

(1)家庭為重要生產單位。
(2)生產的產品僅供家人消費。
(3)以農業生產為主。
(4)多餘的產品可與他人進行物物交換。

手工業生產時期

(1)生產者多為專業性工人。
(2)產品除供自己使用外，也為消費者生產。
(3)顧客訂貨，並且自己提供原料和製造形式。
(4)生產者自備工具。
(5)生產者為維護共同利益組織「同業公會」。

茅舍生產時期

(1)代產加工制度形成。
(2)家庭是由委託製造的商人給付家庭成員計件工資，並且也可以製成品抵付部分工資。

(3)生產管理制度的萌芽和會計制度的發展。

(4)生產者和生產工具的所有人分離。

工廠生產時期

(1)實行專業分工。

(2)單位成本降低，銷售市場快速擴大。

(3)複式簿記的發明。

(4)增加就業機會，促進經濟繁榮，改善國民生活水準。

多角化經營時期

(1)公司組織形態產生。

(2)工作專業化、機器自動化、生產效率化。

(3)「管理科學」的萌芽與發展。

(六) 商業的範圍

1. 依據中華民國行業標準分類：商業可分為下列四大類：

1	批發業	直接向生產者或國外購進大宗貨物，再行批售給其他商人的行業。
2	零售業	向批發商或直接向製造商買進貨物，零星銷給消費者。
3	國際貿易業	凡專營進出口的行業。
4	餐飲業	凡是以供應餐點及飲料為主要業務的行業。

2. 依組織型態分類：

<table>
<tr><td>1</td><td>獨資</td><td>由個人出資，獨立經營，自負盈虧，是最簡單、最原始的商業組織，不具法人資格，負無限清償責任。</td></tr>
<tr><td>2</td><td>合夥</td><td>由二人或二人以上訂約，共同出資經營，並共負盈虧的商業組織，不具法人資格，負連帶無限清償責任。</td></tr>
<tr><td>3</td><td>公司</td><td>以營利為目的，依公司法組織登記成立之社團法人的商業組織。公司組織依出資股東所負擔的責任不同，公司可分成四種型態：
<table>
<tr><th>型態</th><th>股東人數</th><th>清償責任</th></tr>
<tr><td>無限公司</td><td>二人以上</td><td>連帶無限</td></tr>
<tr><td>有限公司</td><td>一人以上</td><td>出資額</td></tr>
<tr><td>兩合公司</td><td>一人以上無限責任股東及一人以上有限責任股東</td><td>無限責任股東負連帶無限；有限責任股東以出資額</td></tr>
<tr><td>股份有限公司</td><td>二人以上之股東或政府、法人股東一人所組成</td><td>出資額</td></tr>
</table>

由於近代企業的經營多朝向大規模發展，需要大量資金，而獨資、合夥企業的財力有限，無法因應此需求，所以公司組織的企業是當前最普遍的商業組織型態。</td></tr>
</table>

3. 依發展過程（或演進程序）分類：

1	固有商業	又稱基本商業、純粹商業，指直接買進賣出商品的商業，即一般的買賣業。
2	輔助商業	不直接從事貨物的買賣，而是提供金錢或勞務買賣業進行之行業。如金融業、保險業、倉儲業。

4. 依資本來源分類：

1	民營企業	是由民間出資經營，以賺取利潤為目的之商業組織。
2	公營事業	是由政府出資經營之商業組織。
3	公私合營事業	是由政府與民間合資經營之商業組織。

5. 依通商區域（或經營地域）分類：

1	國內交易。
2	國際貿易。
3	過境貿易（或通過貿易、轉口貿易）。

6. 依有無營業住所分類：

1	住商。
2	行商。

7. 依交易時有無實務分類：

1	現貨交易商。
2	期貨交易商。

8. 依五分法分類：

1	以生產製造為主，銷售為輔之行業，如農林業、加工業、製造業、建築業等。
2	以銷售為主之行業，如百貨業、國際貿易業、買賣業等。
3	以提供勞務輔助交易進行之行業，如居間業、代辦業、承攬業等。
4	以提供勞務或生活需要的滿足作為「商品」之行業，如娛樂業、服務業、飲食業、旅館業等。
5	以信用或貨幣為基礎，從事資金收受借貸行業，如金融業、信託業、典當業等。

(七) 現代商業的特質

1. 分工專業化：現代企業的規模日益擴大，商品的種類日漸繁多，為了效率與品質，企業不得不將工作分工，並講求專精，故工作的內容走向分工專業化。

2. 資本大眾化：現代企業之資本已非個人或家族能力可承擔，通常以發行股票的方式，對外募集資金，所有權走向大眾化，並選任經理人負責管理，所有權與管理權分開，員工也可以參與認股，擔任股東。

3. 管理民主化：企業經營決策，員工與股東共同參與。

4. 業務多角化（營運多元化）：基於風險分散之原則，現代的商業經營多種商品，或兼營副業，以滿足現代消費者多樣的需求，可降低成本，增加利潤。

5. 經營國際化、全球化：由於科技的進步，交通與通訊的便利與迅速，且國內市場已達飽和的情況，或投資環境日漸不利企業生存，因此企業對外貿易，對外投資，積極拓展國際市場或成立跨國企業。

6. 作業標準化：現代企業為求降低成本，提高利潤，採取作業標準化方式，將產品的型式、規格、品質及製造程序均製作一定的標準，便利行銷與管理。

7. 商品客製化：許多企業為迎合現代消費者多樣化的需求，在商品方面改採客製化方式來生產，為顧客量身訂製所需的商品，來適應消費者品味的需求。

8. 資料處理電腦化：現代企業大多使用電腦迅速正確處理商業情報與資訊。

二、商業的社會角色與責任

商業對個人、社會、國家、及世界均具有其重要性，而商業在創造利潤之餘，應該「取之於社會，用之於社會」，回饋社會。

(一) 商業在現代化社會中的角色

「商業」為消費者與生產者的媒介，藉由它可以發揮各項功能，可由商業在現代化社會中的四個角色扮演加以解釋。

1. 調節市場的供需，平衡物價：由於商品生產過剩會造成物價下跌，生產不足則會造成物價上漲，使得商品的供需不能協調，但透過商業活動，可以發揮調節物價的功能。

2. 指導產業的生產分工：生產是人類創增財富的活動，其中可分為下列三種：

   (1) 原料生產：農林漁牧礦。

   (2) 形式生產：改變原料原來樣式。

   (3) 效用生產：具備商業行為 。

3. 增加效用生產，滿足人類欲望。

   所謂增加效用之生產，又可分為下列三種：

   (1) 形式效用：藉轉換原料與人力技能而生產出最終產品與服務。

   (2) 地點效用：使消費者在很方便的地方獲得所需的產品。

   (3) 時間效用：當消費者想要時，就有產品適時提供以滿足所需。

4. 提供產品與服務，促進社會的進步與繁榮。

(二) 商業的社會責任

1. 社會責任的意義

   所謂社會責任，是指商業在經營獲利之外，基於「取之社會，用之社會」的態度，對社會大眾負起應負的責任。這種責任包括對投資人、員工、消費者權益，遵守法律規範、倫理與道德的考量，如環保及公益事項。簡言之，社會責任，就是商業對社會的貢獻所應盡的責任。

2. 社會責任觀念的發展：

   (1) 第一階段（個人責任時期或商人時代）：約在19世紀末以前，早期商業規模狹小，一般觀念，商業業主獲利，就是對社會有利，可以增加國家的稅收。

   (2) 第二階段（管理者責任時期或商業時代）：約在第二次世界大戰之前，商業普遍認為對企業組織與管理對社會的影響甚大，不僅要追求最大利潤，也要致力提升商業的經營管理的績效。

   (3) 第三階段（商業社會責任時期或企業時代）：約在第二次世界大

戰之後迄今，大家公認商業不可僅以獲利為目的，並且要負責社會的整體利益。

3. 商業對社會責任應具備的態度：

(1) 守法守紀：商業的各項決策與動作，應遵守法律規範。

(2) 誠實信用：信用是商業交易的基礎，要做到童叟無欺。

(3) 積極參與：商業應主動積極參與國家建設及社會公益。

(4) 革新的態度：商業應藉由改進生產技術，提升產品品質，推動革新，製造新產品，造福社會。

4. 社會責任的內容：

經濟責任 ——企業對社會應盡的最基本責任。	1. 以合理的薪資聘雇員工，提供就業機會。 2. 生產品質良好的商品，以合理的價格銷售給消費者。 3. 獲取合理的利潤，同時將利潤回饋給股東。
法律責任	一切商業活動皆須符合法律的規範。
倫理責任 （道德責任）	必須具有道德判斷的能力，企業行為應符合公平、公正的社會基本的倫理。
自由裁量責任 （慈善責任）	只在法律與道德規範外，考量本身的資源與能力，自願從事可促進社會福祉的活動。

5. 企業對社會責任應有的認識：

(1) 企業與社會存在共存共榮的關係。

(2) 企業應主動承擔社會責任。

(3) 企業承擔社會責任應量力而為。

(4) 消費者運動可提供消費者與企業之間的良性互動。

(5) 社會問題是企業發展的契機。

三、企業與環境的關係

(一) 企業扮演社會責任應有的角色

企業對於社會責任應該做到那些：

1. 創造經濟價值為股東和投資人賺取利潤。
2. 依法納稅與做好環保。
3. 維護勞工權益。
4. 熱心慈善公益。
5. 社區參與。

(二) 企業在社區的角色及任務

企業自許為「企業公民」要將大眾所關心的社區議題納入考量，用心扮演社區「照護者」的角色。社區議題的活動範圍一般可分為三大方面：環境保護、社會參與及教育文化推動。

1. 環境保護：企業透過實際的環保行為，維護社區環境品質。
2. 社會參與：企業主動關心社區發展，發現社區問題並努力提供解決的方案。
3. 教育文化推動：企業提供教學的軟硬體設備或舉辦文藝活動，以提昇教育文化水準。

考前實戰演練

( ) **1** 下列哪一項不屬於商業活動？ (A)美食外送業者招攬外送員，以距離或趟次支付報酬 (B)陳教授以無條件方式借錢給友人 (C)補習班聘請教師授課，向學員收取補習費 (D)台積電公司購買污染防治設備。 【109年】

( ) **2** 企業若經營倒閉，除無法提供產品滿足消費者需求外，將引發勞工失業、設備閒置、投資人虧損等狀況，因此下列哪一項為企業最基本的責任？ (A)經濟責任 (B)自由裁量責任 (C)倫理責任 (D)法律責任。 【109年】

( ) **3** 下列敘述何者正確？ (A)從生產鳳梨再製成果醬後販售，此一過程屬於形式生產 (B)按標準生產程序批量生產不同口味的果醬，此為商品客製化 (C)某公司專門生產特殊口味果醬透過通路將商品販售給消費者，此公司屬於零售業 (D)將台灣過剩的低價鳳梨運送到中國大陸以較高的價格販售，屬於效用生產。 【108年】

( ) **4** 邱生響應故鄉農業局推動的「新農民輔導計畫」而返鄉創業，邀約同學好友共7人，募資500萬元，其中邱生為主要經營者，出資200萬元，負有連帶無限清償責任，其餘依出資額負擔清償責任。公司在故鄉種植咖啡樹，並設立咖啡專門店，創建「逗豆咖啡」品牌，提供自行手工烘培的各種口味濾掛咖啡以及相關產品，如逗豆咖啡餅與逗豆咖啡糖等，並於自家專賣店及自家網站上銷售。請問邱生等人所創公司是屬於何種組織型態？ (A)有限公司 (B)無限公司 (C)兩合公司 (D)股份有限公司。 【108年】

( ) **5** 下列何者不屬於企業對股東的責任？ (A)應落實對其營運及財務等資訊的透明化揭露 (B)應保障對其勞健保與各項福利及基本權利 (C)應透過董事會強化公司營運監督與管理 (D)應充分有效地使用資源獲取利潤。 【107年】

( ) **6** 某玩具公司所銷售的系列產品，各自的零件與配件皆可替換組合，這代表該公司的經營具備何種管理特性？ (A)管理人性化 (B)商品客製化 (C)生產標準化 (D)分工專業化。 【107年】

( ) **7** 某國際鞋廠具有以下行為特徵：A.營運績效高於產業平均水準；B.贊助許多公益藝文活動；C.在海外雇用童工進行生產，雖然當地國的勞動法規並未禁止童工，卻引發社運團體抗議。請問下列關於該企業的敘述，何者正確？ (A)B.符合倫理責任，但C.不符合道德責任 (B)A.符合倫理責任，C.符合自由裁量責任 (C)B.符合自由裁量責任，但C.不符合倫理責任 (D)A.符合經濟責任，但B.不符合慈善責任。 【107年】

( ) **8** 蘋果公司將其大部分的硬體製造委託臺灣的鴻海集團生產，自己則專注於研發及行銷工作。請問這是屬於現代商業的何種特質？ (A)專業分工 (B)管理人性化 (C)經營多角化 (D)資本大眾化。 【106年】

( ) **9** 王大器邀請其好友張偉朋一同合作開公司，販賣中藥草製成的產品，言明張偉朋只要出資50萬元且就其出資額負責，剩餘一切責任由王大器本人負責。初期將從台灣直接出口產品至東南亞國家，以當地的華人消費者為主要的販售客群。請問下列敘述何者正確？ (A)該公司的組織型態為合夥 (B)該公司主要業務屬於批發業 (C)依通商區域分類，該公司是屬於過境貿易 (D)該公司屬於零售業的兩合公司。 【106年】

( ) **10** 2016年高雄美濃地震，造成台南地區嚴重傷亡，台灣各大企業紛紛捐款，試問這種捐款行為是屬於企業善盡的何種社會責任？
(A)倫理責任 (B)經濟責任
(C)自由裁量責任 (D)法律責任。 【106年】

( ) **11** 隨著全球化市場的發展，大部分的企業無法負擔全部的價值創造活動。因而將部分工作委外處理，這屬於現代商業的何種特質？ (A)專業分工 (B)資本大眾化 (C)網路化 (D)多角化。 【105年】

(　　) **12** 國內某鄉鎮盛產金鑽鳳梨，某鄉民將鳳梨製成鳳梨酥委託禮品店銷售，請問此鄉民創造財富的活動，屬於何種生產？ (A)原始生產 (B)形式生產 (C)效用生產 (D)勞務生產。 【105年】

(　　) **13** 某洗髮精公司推出髮香、清新、亮麗及烏黑等四種品牌，分別具有特定的品牌形象，以吸引不同的偏好族群，這是屬於哪一種目標市場的選擇策略？ (A)集中式行銷 (B)差異化行銷 (C)大眾行銷 (D)個人化行銷。 【104年】

(　　) **14** 專業物流中心的主要活動是什麼？ (A)定價與零售 (B)運輸與倉儲 (C)促銷與廣告 (D)保險與保鮮。 【104年】

(　　) **15** 下列哪一種有價證券具有較高的安全性及較低的風險性？ (A)國庫券 (B)股票 (C)商業本票 (D)可轉讓定期存單。 【104年】

(　　) **16** 國內曾多次爆發不肖廠商生產黑心油品危害大眾健康，牟取不法利益，更造成公司停業、員工失業及股東受害等後果，請問這樣的不肖廠商主要違反下列何種企業社會責任？ (A)慈善責任與環境責任 (B)自由裁量責任 (C)法律責任與經濟責任 (D)永續發展責任。 【104年】

(　　) **17** 咖啡豆大多數生產於非洲、中南美洲等發展較落後的國家，某國際級咖啡公司為了避免農藥的濫用而破壞生態環境，因此向農民保證願意以高價收購有機咖啡豆，請問此一作法係該公司善盡下列哪一種社會責任？ (A)經濟責任 (B)法律責任 (C)倫理責任 (D)自由裁量責任。 【103年】

(　　) **18** 潤泰全球股份有限公司於2011年12月推出「CORPO訂製襯衫」線上服務，顧客可以依個人體型選擇訂製自己喜愛的款式，展現個人獨特的穿衣風格。這種服務彰顯出現代商業的哪種特質？ (A)商品標準化 (B)商品客製化 (C)商品大眾化 (D)商品在地化。 【102年】

( ) **19** 商業經營基本要素中的「資本」要素，不包含下列哪一項？ (A)廠房與機器設備 (B)商標及專利權 (C)經營者技能證照 (D)資金。 【102年】

( ) **20** 下列敘述何者錯誤？ (A)兩合企業之有限責任股東對企業債務的責任，以出資額為限 (B)合夥企業之合夥人需負連帶無限清償責任 (C)股份有限公司股東就其所認股份對公司負其責任 (D)獨資企業具有法人資格。

( ) **21** 社會責任觀念的發展，哪一個階段的目標是只為企業賺取最大利潤，只對企業主負責？ (A)商人時期 (B)商業時期 (C)企業時期 (D)管理者責任時期。

( ) **22** 下列哪一項屬於商業經營的基本要素？ (A)土地 (B)企業家精神 (C)商業信用 (D)網路。

( ) **23** 下列何者不屬於獨資企業的特性？ (A)無限責任 (B)由一人出資 (C)以營利為目標 (D)發行股票。

( ) **24** 下列敘述，何者錯誤？ (A)商業組織的基本目標在賺取利潤 (B)股份有限公司股東對公司債務的清償責任，以出資額為限 (C)有限公司需由二人以上的股東組成 (D)無限公司股東對公司債務負連帶無限的清償責任。

( ) **25** 下列敘述何者正確？ (A)有限公司、股份有限公司之股權轉移需過半數同意 (B)家扶基金會是以公益為目的的社團法人 (C)茅舍生產時期已具有工廠的雛形，又稱為工廠的前身 (D)物流業者所提供的生產活動屬於形式生產。

( ) **26** 電子公司在景氣不好時有很多閒置產能，若為了節省費用，大量資遣工程師；待景氣好轉其急需人才時，這些被踢出門的工程師未必想吃回頭草，此時電子公司可能面臨人員不足之窘態。這種情形指出商業哪一個要素的重要性？ (A)勞動 (B)資本 (C)商業信用 (D)商品。

( ) **27** 商業可透過以下何種方式平抑兩個區域不同時期的物價水準？ (A)促進分工 (B)溝通文化 (C)調節供需 (D)指導生產方式。

( ) **28** 宅配通將日本的貨物運售至台灣本地，或將台灣之產品運至美國，此運輸業創增何種效用？ (A)地域效用 (B)產權效用 (C)時間效用 (D)形式效用。

( ) **29** 「固有商業」與「輔助商業」的說明，何者正確？ (A)狹義的商業是指買賣獨家產品的輔助商業 (B)商業活動中毛利率最高的是指固有商業，反之為輔助商業 (C)未上市上櫃的小公司是指輔助商業，反之為固有商業 (D)廣義的商業指買賣業及輔助商業，狹義的商業則指固有商業。

( ) **30** 以自給自足為主的產銷合一是指何種生產時期？ (A)家庭生產時期 (B)手工業生產時期 (C)茅舍生產時期 (D)工廠生產時期。

( ) **31** 企業為當地創造的就業機會，能提升當地人民的所得水準，進而增加企業產品的銷售量。此觀念意指 (A)企業與社會間存有共存共榮的關係 (B)社會問題是企業發展的機會 (C)承擔社會責任應出自於企業的自覺 (D)企業要在能力範圍內，盡社會責任。

( ) **32** Uber（優步）公司透過APP應用程式，提供新型態的載客服務；但因沒有申請運輸業登記，已遭交通部依違反公路法多次開罰。上述情形中，該公司未善盡 (A)經濟責任 (B)法律責任 (C)倫理責任 (D)自由裁量責任。

( ) **33** 下列何者屬於商業活動？ (A)周董為自己女兒Hathaway親自譜曲 (B)范范在臉書上分享雙胞胎照片 (C)小蕾搶購多張愛很大演唱會的門票後，加價上網販賣黃牛票 (D)五月天推出新專輯，阿信自掏腰包購買該唱片。

( ) **34** 下列有關社團法人的敘述，何者錯誤？ (A)以財產為基礎 (B)依一定目的而成立 (C)享有民事權利且必須承擔民事義務 (D)公司是屬於社團法人。

( ) **35** 下列有關企業的社會責任—廠商責任時期的敘述，何者錯誤？(A)又稱為企業時期 (B)積極參與解決社會問題 (C)以賺取最大利潤及致力提升經營管理績效為階段責任 (D)考量社會整體利益。

( ) **36** 下列何者不屬於「輔助商業」？ (A)永慶房屋 (B)新光人壽保險公司 (C)大潤發量販店 (D)第一銀行。

( ) **37** 我國合夥企業之合夥人對企業之債務負有 (A)無限責任 (B)有限責任 (C)連帶無限責任 (D)連帶有限責任。

( ) **38** 下列何者屬於商業活動？ (A)在車站免費施打流感疫苗 (B)販售防災用品 (C)舉辦義賣演出，資助海地災民 (D)寺廟提供免費茶水供香客取用。

( ) **39** 日本發生強烈大地震，藝人發揮愛心舉辦二手物品義賣會，將義賣所得全數捐給災民使用。請問義賣是否屬於商業活動？ (A)是，因為發生交易行為 (B)否，因為非出於交易雙方意願 (C)否，因為非以營利為目的 (D)否，因為不合法。

( ) **40** 企業鼓勵民眾使用電動機車，並規劃電動機車電池交換平台，藉由規格及介面資訊的統一來降低營運成本。其中，規格統一是屬於現代商業的何種特質？ (A)資本大眾化 (B)生產標準化 (C)商品客製化 (D)分工專業化。

( ) **41** 關於現代商業的特質，下列敘述何者正確？ (A)為求商品精緻，多以人力代替機器 (B)為求大量生產，採行商品客製化 (C)發行公司債來籌措資本，以達到資本大眾化 (D)多利用電腦來達到快速、正確的處理。

Chapter 02

企業家精神與創業

一、企業家精神與特質、企業家在商業上的角色與貢獻

(一) 企業家的定義：同時接受開創及經營新創事業的機會與風險的人。

Note
創業精神
是指創業者在創立和經營一項新事業或企業時，對於隨著創業而來的風險與機會的一種承擔意願。

(二) 企業家應具備的特質

特質	說明
自主性	擁有高度的工作決策權，從策略的規劃到執行，有完全的決定權。
預警性（前瞻性）	具有洞察商業環境變化的靈敏度，能看到市場的前景，以及危機入市。
競爭積極性	具有正向進取的態度與強烈的企圖心。
風險承擔性	面對經營環境的不確定性，具有冒險與挑戰的精神。
創新性	有創新的構想且勇於執行。

(三) 企業家在商業的角色：「亨利・明茲伯格（Henry Mintzberg）認為管理者的角色可以分成三大類：人際角色、資訊角色及決策角色。人際角色的有代表人物、領導者以及聯絡人。資訊角色的是監控者、傳播者以及發言人。決策角色是創業者、危機處理者、資源分配者以及談判者。

(四) 商業對社會的重要性

1. 指導產業的生產分工。
2. 調節市場的供需，平衡物價。
3. 提供產品與服務，促進社會的進步與繁榮。

(五) 商業對國家的重要性

1. 增加稅收，增裕國庫。
2. 拓展貿易，繁榮經濟。
3. 累積外匯，增強國力。
4. 提高國民所得，提升國際地位。

二、創業方式與風險

(一) 創業類型

1	模仿型創業	例如：電子科技公司經理離職開設複合式茶飲料店，對創業者而言必須學習新的經營模式。
2	冒險型創業	所提供的產品或服務改變了消費者的生活習慣，例如；人口結構改變使得長期照護的需求產生，但過去並沒有類似的服務經驗可參考，故介入長照市場有很大的風險存在。
3	複製型創業	參與加盟連鎖的創業，例如：加盟「胖老爹炸雞排連鎖店」。
4	安定型創業	例如：某大公司在新產品研發後決定將該部門獨立成立一個新事業部門積極的介入市場。

(二) 在家創業或網路創業

1. **在家創業又稱蘇活族（Small Office/Home Office，簡稱SOHO）**它起源於美國，意指「小型的家庭辦公室」，最令人羨慕的地方是能夠在家上班，而且工作時間自由，就是在於工作時間能夠自我調配和掌控。

2. **網路創業的類型：**

類型	經營內容	實例	收入來源
經營網路拍賣	由買家和賣家在該網站進行網路競標。經營網路拍賣有兩種方式： 1.自行架設拍賣網站，進行網路拍賣活動。 2.擔任拍賣的賣家，在拍賣網站上拍賣商品。	奇摩購物 露天拍賣 PC home購物 淘寶網	1.賣家支付的廣告費、拍賣物件的刊登費及成交之後的手續費。 2.拍賣賣家的銷貨收入。
經營入口網站	使用者在入口網站經由搜尋引擎輸入關鍵字的方式可以查詢、新聞、財經等訊息。	Google Yahoo	網路的廣告費
經營網路商店	在該網站展示商品，讓消費者可以隨時隨地的瀏覽並選購商品。經營網路商店有兩種方式： 1.自行架設網路商店。 2.透過網路商店平台，建立自己的網路商店。	博客來 亞馬遜 （Amazon）	1.商品的銷貨收入。 2.商品的銷貨收入。
經營網路社群平台	讓使用者發表文字，圖片、影片等訊息，並與其他人互動的平台。	臉書 （Facebook）	網路的廣告費

(三) 風險與潛在商業機會

1. 風險的意義：風險是指未來的不確定性，導致可能產生損害或失敗的狀況。

2. 風險的種類：可區分為內部與外部風險。內部風險包括經營風險、資金風險與合夥風險。外部風險包括市場風險、法律風險與災害風險。

經營風險

指的是公司內部錯估產能、產品上下游的供應商無法配合、或者是公司本身技術不足等等，在公司營運上可能會引起的風險。

例如：以服務中國旅客的觀光飯店，因中國旅客來台灣旅遊需求減少造成住房率下降，不堪虧損而出售其飯店。

資金風險

指的是公司錯估創業所需的資金，或者是在資金的調度、配置不當而導致經營失敗的風險。

例如：創業主先以自己的資金購買原物料從事生產，完成品立即以賒銷的方式給零售商而卻遲遲無法收回賒銷的帳款，造成資金週轉失靈最後走向倒閉關廠。

合夥風險

指的是共同創業的夥伴因理念、分工、職位、意見分歧等因素而拆夥的風險。

市場風險

指的是因市場環境的變動而導致的創業失敗風險。例如：創業主創業的時機正逢景氣蕭條民眾購買力下降，產品乏人問津導致創業失敗。

法律風險

指的是因為政府政策與相關法律改變所導致的風險。例如：法令規定調高時薪後人事成本上升，入不敷出最後選擇離開市場。

災害風險

指的是自然災害或是人為災害所導致的創業風險。例如：花蓮接連傳出地震的災情，重創花蓮當地的觀光產業。

3. 風險與商業機會：創業者若能因應風險即能創造商機，風險與商機是一體兩面的，通常風險愈小，創業成功機會愈高；反之，風險愈大，創業失敗的機會愈大。

三、企業問題分析與解決

(一) 企業保險的種類

1. 企業保險的目的

有兩項分別是：風險轉嫁和風險融資。

風險轉嫁	在風險發生前，將風險轉嫁給保險公司承擔。
風險融資	在風險發生後，可取得保險理賠以彌補損失。

2. 保險的基本概念

(1) 保險是一種「集合眾多具有相同風險的個體，當少數個體因風險發生而遭受損失時，即由全體合理分攤損失」的制度。

(2) 由要保人與保險人訂立保險契約，由要保人支付保險費給保險人，當承保事故發生時，保險人須在承保範圍內提供理賠。

(3) 保險契約的關係人：

保險人（承保人）	即保險公司，它有收保險費的權利，當承保事故發生時，需負賠償義務。
要保人	即要求投保的，他有支付保險費的義務。
被保險人	當承保發生時，享有賠償請求權利。
受益人	被約定享有賠償請求權利的人。

3. 保險的種類

 保險可分為：人身保險與財產保險兩大類。人身保險包括人壽保險、健康險、意外險等；而財產保險包括海上保險、火災保險、汽車保險、公共意外責任險、產品責任險等。

4. 對企業保險而言，著重在財產保險和職業災害保險（屬於人身保險）。

 企業常投保的險種：

 (1) 以企業自身角度投保：火災保險。

 (2) 以受雇者角度投保：職業災害保險。

 (3) 以消費者角度投保：產品責任險與公共意外責任險。

5. 火災保險

 是指以存放在固定場所並處於相對靜止狀態的財產物資為保險標的，由保險人承擔保險財產遭受保險事故損失之經濟賠償責任。它是財產保險綜合險之一，保險人承保該業務時所承擔的責任，包括暴雨、洪水、颱風等自然災害。

6. 職業災害保險

 職業災害乃指勞工在執行職務過程中或因工作上的原因所發生的意外災害。勞工保險屬強制性社會保險，以實際從事工作獲致報酬之勞工為主要加保對象，勞工保險分為普通事故保險及職業災害保險二類。因此，勞工經其所屬投保單位申報參加勞工保險，即同時享有普通事故保險與職業災害保險各種保險給付之安全保障。

7. 產品責任險

 被保險人生產、銷售、分配或修理的產品發生事故，造成用戶、消費者或其他任何人的人身傷亡或財產損失，依法應由被保險人承擔的損害賠償責任。

 (1)「產品責任」的對象：產品製造者包括產品生產者、加工者、裝配者；產品銷售者包括批發商、零售商、出口商、進口商；產品分配者是指產品運送過程的業者；產品修理者指被損壞產品、陳舊產品或有缺陷產品的修理者。

(2)企業投保「產品責任險」的原因：

A.因應消費者保護法。

B.實施企業風險管理，並做好損害補償措施。

C.增強產品體質與行銷說服力。

8. 公共意外責任險

主要承保被保險人在其經營的地域範圍內從事生產、經營或其他活動時，因發生意外事故而造成他人身傷亡和財產損失，依法應由被保險人承擔的經濟賠償責任。適用範圍有工廠、辦公室、旅館、醫院、學校、影劇院、展覽館等公眾活動場所。

(二) 企業危機與管理

1. 企業危機的意義：意指潛在地給企業聲譽或信用造成負面影響的事件。

2. 企業危機的特性：

(1) 突發性（不確定性，無預警）。

(2) 急迫性。 (3) 嚴重性。 (4) 衝突性。

(5) 機會性（雙效性）。

(6) 具階段性與累積性。

(7) 連動性。

3. 企業危機的類型：

(1) 天然災害。 (2) 競爭攻擊。 (3) 人為疏失。

(4) 替代發酵。

4. 危機管理的原則：

(1)積極性。 (2)即時性。 (3)真實性。

(4)統一性。 (5)責任性。 (6)靈活性。

(7)預防重於治療。 (8)成本效益。 (9)虛心檢討。

四、企業願景的意義、特性及策略

(一) 企業願景

1. 重要性：

(1) 是企業長期發展藍圖。

(2) 是企業策略發展的重要組成部分。

(3) 是企業未來的發展目標、前景、使命。

(4) 對企業未來發展方向的期望、預測、定位。

2. 內涵

企業願景的內涵：它是企業的核心理念（價值觀、核心價值），它是企業使命未來展望（未來目標）。

3. 發展策略

企業願景的發展策略：共有三個階段依序為開發願景、瞄準願景與實現願景。

4. SWOT分析

SWOT分析的意義：針對企業的環境與所擁有資源的相對分析就是外部與內部的分析稱為SWOT（Strengths,Weaknesses,Opportunities,Threats）分析。

(1) 內在環境：優勢（S）對競爭者有利、劣勢（W）對競爭者不利。

(2) 外在環境：機會（O）、威脅（T）。

5. SWOT策略矩陣

從SWOT分析中，依據矩陣裡陣列相對應關係，提出SO策略、WO策略、ST策略及WT策略等四大策略，以下分別說明如下：

(1) 增長性策略（SO）：就是依據內部優勢（S）去抓住外部機會（O）。例如：我國的電腦科技廠商在經營管理與生產技術上具有優勢，可利用政府鼓勵到東南亞投資的政策上，積極進入東南亞的電腦生產市場。

(2) 扭轉性策略（WO）：就是利用外部機會（O）來改善內部劣勢（W）。例如：在政府積極開放東南亞旅客來台觀光時，國內觀光業者，就需要積極培養對東南亞國家的語言、文化熟悉的觀光從業人員。

(3) 多元性策略（ST）：就是利用內部優勢條件（S）來避免或減輕外部環境威脅（T）。例如：因總體經濟環境不佳，國外旅客來台觀光減少，本國經營管理能力強的觀光業者，應調整目標市場，轉而發展國內旅遊。

(4) 防禦性策略（WT）：就是直接克服內部劣勢（W）及避免或減輕外部環境的威脅（T）。例如：電腦科技業者，在經濟環境不佳，海外訂單大幅減少，就要想辦法降低經營成本，度過景氣寒冬。

內部環境分析		外部環境分析	
		機會（O）	威脅（T）
	優勢（S）	增長性策略 SO	多元性策略 ST
	劣勢（W）	扭轉性策略 WO	防禦性策略 WT

考前實戰演練

( ) **1** 現今消費者健康保養觀念提升，而某生技公司擁有良好的研發及醫護保健能力，其公司應採取何項策略來擴大市場佔有率？ (A)SO策略 (B)WO策略 (C)ST策略 (D)WT策略。 【109年】

( ) **2** 某知名食品公司，當面臨食安風暴時，在事件發生後馬上承認疏失，並誠實揭露所有訊息，且承諾只要是該公司出售的問題商品全部回收退費；該公司處理危機時依序依循哪些原則？ (A)靈活性、真實性、積極性 (B)積極性、責任性、靈活性 (C)即時性、責任性、積極性 (D)即時性、真實性、責任性。 【109年】

( ) **3** 下列何種網路開業方式的主要獲利來源不包含廣告費？ (A)開設網路商店 (B)經營入口網站 (C)經營網站拍賣平台 (D)經營社群網站。 【109年】

( ) **4** 下列有關創業風險的敘述何者正確？ (A)新創公司需大量支出研發費用，卻造成入不敷出面臨倒閉。此屬於資金風險 (B)兩人合夥出資做生意，卻對市場趨勢看法不同而決定拆夥。此屬於資金風險 (C)文創公司跟風生產了特色傳統長衫，因錯估市場需求而積壓大量庫存。此屬於市場風險 (D)因電腦系統設計瑕疵，造成公司客戶的個資外洩。此屬於市場風險。 【108年】

( ) **5** 某網紅作家從處女作開始，就依靠寫作出版的版稅收入，榮獲近年來作家收入榜的前十名。請問該網紅是屬於何種創業類別？
(A)創意服務類 (B)資訊服務類
(C)專業諮詢類 (D)業務行銷類。 【108年】

( ) **6** 2017年鴻海集團宣布在美國威斯康辛州打造LCD面板廠，未來4年將投資美國百億美元。在其評估報告中，主要著眼於「美國政府提供稅賦優惠」、該州「交通運輸便利」以及「優質勞動力」

等，請問前述評估屬於「SWOT分析」中的哪一項？ (A)優勢 (B)劣勢 (C)機會 (D)威脅。 【107年】

( ) **7** 某傳統汽車製造廠商雖在傳統燃油車領域具有領先地位，但因長期投資綠能新科技，也擁有獨特的綠能技術。為配合多國政府未來禁售燃油車的計畫，評估可能威脅到現有的燃油車市場，故推出符合純綠能概念的車輛，既尋求新機會，也分散未來可能風險。請問該公司之作法應屬下列何種策略？ (A)成長性策略 (B)多元性策略 (C)扭轉性策略 (D)防禦性策略。 【107年】

( ) **8** 某創業家經過與重要的策略投資人近一個月的談判，宣佈已達成了超過10億元的股權融資，並得到該策略投資人的支持，將出任新公司的CEO（首席執行官）負責管理和組織建構，以確保新產品開發完成與策略執行完成，達到其對策略投資人所承諾的願景，以確保策略投資人未來的繼續支持。請問上面敘述不包含下列何種風險？ (A)資金風險 (B)合夥風險 (C)經營風險 (D)災害風險。 【107年】

( ) **9** 臺灣M公司的大量IC設計高級工程師被大陸競爭對手挖角，可能導致關鍵技術的流失。該公司所面臨的各種危機中，較不屬於下列何種危機？ (A)內部危機 (B)人力資源的危機 (C)研究發展的危機 (D)社會文化差異危機。 【106年】

( ) **10** 小美因擅於烘焙，所製作的糕點甚受好友稱讚，因而獨自在家小規模創業，透過網路接單生產。請問下列關於小美創業的敘述，何者較不正確？ (A)為自雇型SOHO族 (B)可節省經營實體商店所需的成本 (C)主要收入為成交的手續費 (D)在家創業，不會面臨團隊風險。 【106年】

( ) **11** 某科技創業家給新創人士的建議：「若創業團隊成員的同質性太高，每次討論時意見都相同，就無法全面思考，容易評估錯誤」，這代表企業未來會面臨何種創業風險？ (A)財務風險 (B)經營風險 (C)合夥風險 (D)法律風險。 【106年】

(　　) **12** 台灣區電工器材工業同業公會的廠商大多為台灣頗具份量的出口廠商，該公會理事長經常需要代表廠商與政府溝通產業或財經政策。請問該理事長不是扮演下列何種企業家的角色？ (A)聯絡者 (B)仲裁者 (C)協商者 (D)意見領袖。 【105年】

(　　) **13** 當企業發生危機時，決策者的危機管理能力越好，越有可能化危機為轉機，為企業帶來更好的結果，但也有可能使企業遭受重大損害。此為危機的何種特性？ (A)威脅性 (B)雙面性或價值中立性 (C)複雜性 (D)持續性。 【105年】

(　　) **14** 2013年日本首相推動日幣貶值政策，試圖改善長期低迷的日本經濟。此項政策對於日本當時出口廠商而言，應屬於SWOT外部環境分析中的哪一項？ (A)機會 (B)威脅 (C)優勢 (D)劣勢。 【105年】

(　　) **15** 假設某汽車公司所生產新車之剎車系統出現瑕疵，可能導致嚴重的車禍事故，則該公司面臨此一嚴重危機時，下列何者不是該有的危機處理原則？ (A)誠實告知社會大眾該產品瑕疵可能導致的重大傷亡 (B)主動召回所有可能有瑕疵的車輛檢修，即使再高成本也在所不惜 (C)立即成立危機小組，對外統一發布訊息 (D)避免事端擴大，造成失控局面，應低調迴避處理。 【104年】

(　　) **16** 某咖啡連鎖店所販售之熱咖啡翻倒，導致消費者燙傷，因其未於飲料杯外標註小心燙傷之警語，且未以膠帶固定杯蓋，經法院判賠100萬元。該企業除應改善上述事項外，並應投保下列何種保險，以降低風險？ (A)職業災害保險 (B)人身保險 (C)產品責任險 (D)災害險。 【104年】

(　　) **17** 王志偉從某大學的餐飲系畢業後，決定利用專長創業，下列哪一項不是他在創業準備期該準備的工作？ (A)進行創業性向測驗評估 (B)進行市場分析，鎖定目標顧客群 (C)擬定創業企劃書 (D)籌措創業所需的資金。 【103年】

( ) 18 經營績效卓越之企業，通常有位帶領整個組織邁向成功之路的領導者，他們身上通常會具備幾項特質，請問下列何者不屬於成功企業家的特質？ (A)創新性 (B)自主性 (C)風險趨避性 (D)預警性。【103年】

( ) 19 下列何者不是創業者在創業的過程中可能面臨的風險？ (A)銀行信貸減縮 (B)公司技術創新 (C)消費者喜愛轉變 (D)創業成員變化大。【103年】

( ) 20 某運輸公司為了提供員工在外執行工作時，人身安全所面臨的風險的保障，通常會投保下列何種保險？ (A)運輸保險 (B)公共意外責任險 (C)職業災害保險 (D)人壽保險。【103年】

( ) 21 企業對於危機的處理，大致上可以分為發生前（潛伏期）、發生時（爆發期）與發生後（善後期）等三階段。下列哪一項不應該是遲至危機發生時才進行的工作？ (A)成立責任鑑定小組 (B)擬妥危機處理計畫 (C)協調跨部門任務 (D)適時與媒體溝通事件始末。【102年】

( ) 22 某紡織工廠員工因工作不小心，手指捲入機器造成斷指，工廠須負責賠償。請問該工廠應為員工投保何種保險，以分散工作過程中可能發生的風險？ (A)職業災害保險 (B)產品責任險 (C)公共意外責任險 (D)產物保險。【103年】

( ) 23 某男子利用網路詐騙虛擬寶物，並將騙來的寶物上網拍賣，最後被警方逮捕。下列何者較不可能是該男子在拍賣虛擬寶物時，所須支付的費用？ (A)佣金費 (B)廣告費 (C)刊登費 (D)手續費。

( ) 24 台灣曾爆發嚴重的禽流感疫情，爆發初期禽類養殖業者疑似隱瞞疫情導致病毒擴散，造成高達50萬隻受感染的雞鴨鵝遭到撲殺，許多禽類養殖場業者生計受到嚴重威脅。由此例可知，企業若要繼續生存與成長，應需要具備一套有計劃、有系統、有理想的執行步驟來因應突發狀況，稱為 (A)危機管理 (B)危機意識 (C)適應力 (D)挑戰力。

( ) **25** 若政府宣布國內銀行必須提高企業資金借貸門檻，請問此舉屬於何種創業風險？ (A)經營風險 (B)市場風險 (C)法律風險 (D)資金風險。

( ) **26** 以硬體製造起家的鴻海集團，跨足液晶面板產業，並積極投資機器人產業，擴大企業營運版圖。鴻海所展現的積極態度與強大企圖心，此說明企業家應具備哪一項特質？ (A)競爭積極性 (B)預警性 (C)資訊性 (D)自主性。

( ) **27** 企業在面對危機時，若未能及時處理，將使得後果持續惡化，此時企業將承擔更大的損失，此係危機的何種特性？ (A)嚴重性 (B)衝突性 (C)機會性 (D)突發性。

( ) **28** 有關保險的說明，下列敘述何者正確？ (A)有權要求支付保險費者為受益人 (B)被保險人可同時為受益人 (C)保險的主管機關為財政部金管會保險局 (D)企業購買保險的目的在增加企業資產。

( ) **29** 國內經濟體疲弱，而廠商設備不足且研發停滯，此時宜採取SWOT分析的哪一種策略擬定？ (A)扭轉性策略 (B)增長性策略 (C)多元性策略 (D)防禦性策略。

( ) **30** 下列哪一項並非危機的特性？ (A)易逝性 (B)急切性 (C)衝突性 (D)突發性。

( ) **31** 下列屬於公共意外責任險的理賠範圍共有幾項？(1)員工在工廠工作時被輕鋼架砸傷、(2)百貨公司電梯運作不當致消費者受傷、(3)員工進行拖地清潔而店內濕滑導致消費者滑倒受傷、(4)產品包裝不當致消費者受傷。 (A)(1)(3) (B)(2)(3) (C)(1)(2)(3) (D)(2)(4)。

( ) **32** 有關危機的敘述，下列何者正確？ (A)危機處理的策略可能與企業目標衝突，屬於危機的威脅性 (B)有特定單位指揮調度，屬於統一性原則 (C)擬妥應變計畫及啟動危機處理小組，屬於危機前的因應 (D)將危機事件確實交待，屬於積極性原則。

( ) **33** 下列對於企業願景的描述，何者錯誤？ (A)透過願景的建立，能夠引導企業資源投入的方向 (B)透過願景的建立，能協調各部門的意見與衝突 (C)願景實現的步驟是瞄準願景、發展願景、實現願景 (D)企業願景通常具有一定的挑戰，須努力才能達成。

( ) **34** 若企業外部面臨威脅，內部條件也處劣勢，企業可採取哪種SWOT分析策略，設法克服經營劣勢？ (A)SO策略 (B)WO策略 (C)ST策略 (D)WT策略。

( ) **35** 成立危機處理小組，注重即時處理，是危機處理中哪一個階段的工作內容？ (A)潛伏期 (B)善後期 (C)爆發期 (D)解決期。

( ) **36** 政府在建築技術法規中要求建設公司必須加強建築大樓的防震級數，主要是為了降低使用該建築物的企業可能面臨的哪一種風險？ (A)合夥風險 (B)資金風險 (C)市場風險 (D)災害風險。

( ) **37** 企業家能夠覺察他人所未見的危機、市場前景與獲利機會，並事先採取因應的策略；以上敘述是在描述哪一種企業家特質？ (A)競爭積極性 (B)風險承擔性 (C)創新性 (D)預警性。

( ) **38** 對於商業外在環境的敘述，下列何者錯誤？ (A)社會文化環境屬於影響商業經營的外在環境因素 (B)企業經常要設法調整外在環境，以適應內在環境的變遷 (C)商業組織本身並無法控制外在環境 (D)商業外在環境，屬於商業組織外部的因素。

( ) **39** 經營網路拍賣平台主要的獲利來源不包括下列哪一項？ (A)網路賣家所支付的廣告費 (B)商品銷貨收入 (C)刊登拍賣物件的刊登費 (D)成交之後的手續費。

( ) **40** 企業在進行SWOT分析之策略擬定時，下列何者是指扭轉性策略？ (A)SO策略 (B)ST策略 (C)WT策略 (D)WO策略。

( ) **41** 目前我國保險業之中央主管機關是 (A)財政部 (B)經濟部商業司 (C)金融監督管理委員會保險局 (D)內政部。

( ) **42** 企業家參加簽約、剪綵、致詞等活動，是在扮演商業上的何種角色？ (A)公益推廣者 (B)決策者 (C)人際關係維繫者 (D)危機處理者。

( ) **43** 下列何者網路開業型態的主要獲利來源並不包含「廣告費」？ (A)經營網路拍賣平台 (B)經營入口網路 (C)開設網路商店 (D)經營社群網站。

( ) **44** 下列哪一項不屬於危機爆發期之危機處理作業？ (A)成立危機處理小組 (B)適時與媒體溝通 (C)有效與受害者進行協調談判 (D)企業聲譽再造。

( ) **45** 2011年泰國發生嚴重水災，許多汽車工廠遭洪水淹沒，造成上千輛剛出廠的新車因泡水而被迫銷毀。這是屬於企業的哪一種風險？ (A)合夥風險 (B)災害風險 (C)市場風險 (D)資金風險。

( ) **46** 有關企業保險的敘述，下列何者錯誤？ (A)我國保險法將保險分為財產保險與人身保險 (B)職業災害保險是屬於人身保險的一種 (C)在保險關係中，要保人跟被保險人可以是同一人 (D)責任保險的要保人是消費者。

( ) **47** 下列何者不屬於創業準備階段的工作？ (A)研擬創業計畫書 (B)選擇開店地點 (C)選擇目標顧客群 (D)評估創業模式。

( ) **48** 企業願景應具備的特質有哪些？ (1)穩定的 (2)模糊的 (3)可行的 (4)無重點 (5)可溝通 (A)(1)(3)(5) (B)(1)(2)(4) (C)(2)(3) (D)(3)(4)(5)。

Chapter 03 商業現代化機能

一、商業現代化

近年來，科技的進步，產業結構的改變，國民所得的提高，及商業受到國際化、自由化的衝擊，企業的競爭力的提升已刻不容緩。政府政策目標藉由訂定商業現代化計畫以帶動商業全面升級。

(一) 商業現代化的主要目標：經濟部商業司推動「商業現代化」方案，其主要目標如下：

1. 鼓勵利用物流中心降低流通成本：目前國內商品流通大多數需要很多通路階層，流通業上中下游的需求並未作一整合，亦大多未使用現代化設備輔助商品流通，使得商品的流通成本偏高，並且缺乏效率。因此政府鼓勵利用物流中心來整合通路結構，並運用自動化設備輔助商品流通，以降低流通成本，促進產業貨暢其流。

2. 促進經濟發展與城鄉之均衡發展：目前都市內土地價格昂貴，而且空地甚少，大型商業用地取得困難。因此政府在都市近郊，或城鄉交通便利之地區，規劃設置開發工商綜合區，以促進經濟建設與城鄉之均衡發展。

3. 改善商業環境：目前國內商業發展空間有限，且基礎建設不足，成為商業發展的一大阻礙。因此政府致力於新興商業用地的規劃，現有商圈之更新、傳統市場的改善，以擴大經營空間，改善商業環境。

4. 維護公平合理的商業秩序：良好的商業秩序必須仰賴政府有效的施政效率，相關法令徹底執行，與民間業者商業道德及守法精神才能建立。因此政府應配合未來現代化商業發展的需要，適時檢討修正現行法令的缺失，並加強宣導商業道德及民眾守法的觀念，以維護公平合理的商業交易秩序。

5. 提升商業之服務品質，創造良好的消費環境：目前消費者對於國內消費環境滿意度不高，消費者權益保護並未落實，企業應努力提升商業服務的品質，加強禮貌運動，爭取優良商店之認證，以創造良好的消費環境。

(二) **推動商業現代化的措施與計畫**：經濟部商業司所推動「商業現代化」方案，其主要內容如下：

1. **擴大商業發展空間，改善商業環境**：

(1) 規劃工商綜合區：工商綜合區是結合休閒娛樂、購物消費、工商展示等功能的新型副都會區。工商綜合區的設置，將有助於提升民間投資意願，擴大商業發展空間，滿足居民就業、消費、及休閒的需求。桃園台茂購物中心是國內第一家設置在工商綜合區內的大型購物中心。

(2) 傳統市場的更新與改善：有鑑於傳統市場的髒亂影響環境品質，及大型賣場逐漸沒落，政府乃積極改善傳統市場，設計更新商店招牌，改進商店街景觀設施，並加以輔導。

(3) 攤販輔導與管理：流動攤販不但妨礙交通，破壞市容觀瞻，逃稅嚴重，更影響合法商家的營運，不利於整體的商業發展。因此政府進行集中輔導與管理。例如：設置觀光市場，劃定禁止設攤區，且嚴加取締，執行攤販建檔等措施，另外，政府亦透過就業輔導單位辦理攤販轉業技能訓練，協助攤販轉業。

(4) 商圈更新再造：民國84年政府開始推動「塑造形象商圈計畫」及「商店街開發推動計畫」，以輔導傳統零售業全面升級。
所謂形象商圈是將地方自然形成的傳統商圈結合當地人文、風俗、特產、及景觀等特色，導入現代化企業經營理念所塑造成具有形象特色的現代化商圈。所謂商店街是指多家中小型零售者所共同組成的商家聚集團體。兩者皆因商店聚集而發揮集客效果。

2. **提升經營管理技術**：

(1) 推動商業自動化及電腦化：民國86年6月3日政府通過「商業自動化及電子化輔導推動計畫」，主要目的在於強化國內商業服務體系與提升商業流通效率，以提高產業競爭能力，並促進台灣成為亞太物流運籌中心及電子商務中心。

經濟部商業司所提出商業自動化的具體措施如下：

A. 建立商品條碼及全國商品主檔。

B. 整合物流支援技術。

C. 發展環境物流業資訊及技術整合。

D. 構建快速回應（QR）資訊技術。

E. 推動「電子資料交換標準」（EDI）與「加值網路系統」（VAN）應用於商業用途。

F. EDI與二維條碼技術整合。

G. 輔導中小型商店應用簡易「銷售點管理系統」（POS）。

H. 成立商業資訊服務團，輔導商家導入自動化系統與設備，如電子標籤輔助揀貨系統、共同銷售情報系統等，以促進商業流通效率。

商業電子化方面，政府推動的商業電子化計畫包括電子商務環境整備推動計畫、產業電子化輔導推動計畫等，主要目的在以網際網路技術為基礎，建立一個健全的網際網路商業發展環境，以提升商業交易速度。

(2) 培養現代化商業人才：為了提升我國商業人才，經濟部提出「商業現代化人才培育計畫」，俾有系統的人才培育模式，協助企業提升經營管理能力，促進我國的商業發展。

(3) 建立商業發展基礎資訊：為了因應商情的迅速變化，建立互動而具有累積性的基本資料庫，例如建立營業項目標準代碼並且使其電腦化，建立全國工商管理資訊系統、建立全國公司資料預示制度，全盤檢討修正公司法，主要目的是建立一套完整合理的交易制度及健全營運主體，有助於企業擬定未來商業發展政策之重要基礎資訊。

(4) 加強商業經營管理：為了有效協助企業更具現代化的商業管理能力，政府用經費補助、租稅減免的方式，鼓勵業者引進現代化的經營技術設備。

3. 提升商業服務品質：

(1) 加強宣導服務品質的重要性：為使企業及社會大眾皆了解服務品質的重要性，提升服務水準，經濟部推動「服務品質意識廣宣計畫」，透過媒體傳播宣傳及活動推廣，致力宣導服務品質的重要性。

(2) 輔助建立顧客滿意度指標：「顧客滿意度指標」（Customer Satisfaction Index，簡稱CSI）將服務品質予以標準化及數量化，建立一套顧客滿意的標準。政府輔導企業建立自己的CSI，以提升企業的形象，提高顧客滿意程度，增加商品的銷售。

(3) 改變服務技能：商業服務品質，表現在使顧客感覺安全、便利、親切的服務，服務人員是否能展現優良的服務水準，攸關企業的營運成果。經濟部商業司提出「提昇服務技能計畫」，針對各行各業的服務人員擬定訓練教材及專業師資的培訓課程，乃強化禮貌服務技巧，藉訓練來改善服務品質。

(4) 建立優良商店認證制度：為建立高品質的商業服務環境，並肯定表現良好的商店業者，政府推動「優良商店」作業規範（Good Store Practice，簡稱GSP）認證計畫。藉由認證制度的實施，強化業者的經營體質及服務品質。

4. 落實消費者權益的保護：

(1) 訂定消費者保護法：民國83年公布實施消費者保護法，以保障消費者權益並促使企業負起社會責任。

(2) 訂定商品標示法：民國71年制定「商品標示法」，規定標示內容不得造假，令消費者誤解，並不得違背公共秩序與善良風俗。透過正確商品標示的執行，不僅使生產者商譽得以維護，消費者權益也受到保障。

(3) 規範定型化契約及特種買賣行為：

A. 定型化契約是由業者單方面預先擬定，有部分業者訂出有利於業者不利於消費者的條款，為了避免定型化契約的濫用，消費者保護法規定糾紛發生時，定型化契約效力之認定應由法院根據具體個案各別判決。

B. 特種買賣是指較為特殊的買賣型態，包括傳銷、郵購、訪問買賣、及分期付款買賣等。基於這些特種買賣消費者申訴案件有逐年增加的趨勢，消費者保護法增訂「七天猶豫期」的特殊規定以保障消費者權益。

(4) 加強消費者服務：政府設置下列機構，以加強服務消費者，保護消費者權益：

A. 消費者服務中心：負責提供消費者諮詢服務、教育宣導及申訴等工作。

B. 消費者保護官：負責處理消費申訴案件，以及向法院訴請業者停止違反消費者保護法的行為。

C. 消費者爭議調解委員會：負責調解上述兩個機構處理後仍未能解決之消費糾紛事件。

5. 強化商業團體及財團法人之經濟功能：經濟事務的財團法人組織相當多，如生產力中心、工業技術研究所等，政府可擴大委託這些財團法人或商業團體辦理各項業務，商業政策亦可透過這些單位來輔助推動。

6. 健全營運主體，維護營業秩序：

(1) 全盤檢討修正公司法，以放寬行政規範、健全公司營運、簡化工商登記。

(2) 建立全國工商管理資訊系統，以節省處理成本、縮短作業流程，提高行政效率。

(3) 健全財務會計制度，以提升商業會計資訊品質、提升經營管理效能。

(4) 配合執行維護公共安全方案，以維護公共安全、保障社會大眾生命及企業財產。

二、現代化的商業機能

現代化的商業機能包括：商流、物流、金流、資訊流、服務流等。企業要能將商品順利的從生產者送到消費者手中，且消費者具有極大的滿意度，以上的五項機能運作缺一不可。此五項機能並非各自獨立，而是互相連結形成一網路體系，如下圖所示。

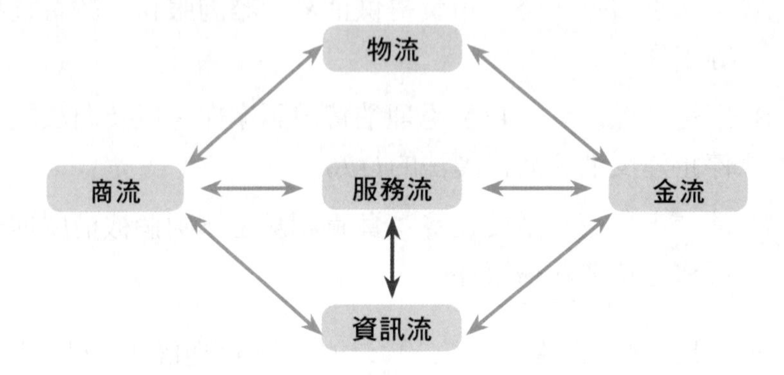

(一) 商流

1. 商流的意義：商流是指商品的流通，商品藉由交易活動而產生的流通過程。從交易成立，進貨、銷貨、存貨、及帳務處理等作業，都是屬於商流的範圍。

2. 商流的通路階層：商流的通路階層通常有批發商及零售商二種階層。批發商扮演整個商流活動的中間角色，而零售商則扮演直接提供商品給消費者的角色。

3. 商流的類型：

透過距離消費者最近的眾多零售商店來進行商品的流通。

選擇型商流

製造商需要根據商品的特性，選擇合適的商家來進行商品的流通。

4. 商流的功能：

(二) 物流

1. 狹義的物流只限於製成品的銷售流通，著重於訂單處理、存貨控制，及顧客服務等。廣義的物流則是結合上游材料市場與下游銷售市場之物品的流通，包括材料之採購、進貨、半製品之管理、及製成品之包裝、倉儲等。

   物流與商流最大的不同在於：物流不需要經由交易活動而產生，純粹是物品的流通；而商流必須有交易活動的產生，商流是一切交易的基礎。

2. 物流的重要性：透過完善的物流作業，消費者不僅能享受快速又便利的購物或服務。製造商、批發商或零售商，也能迅速提供最佳品質的商品到每一個通路上，進而大幅降低保管、倉儲、運輸等中間成本。

3. 物流的類型：

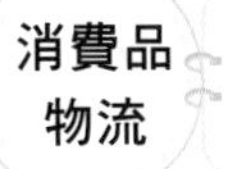

供最終消費者使用的物品之流通。

工業品物流

供製造商生產用的物品之流通。

4. 物流的功能：

功能	說明
運輸功能	物流系統能將物品快速地送給顧客，有效節省等待的時間。
倉儲功能	透過物流系統的運作，物品得以妥善儲藏保存。
協調功能	物流系統可以協調企業內各部門，產生連結效用。

(三) 金流

1. 金流的意義：金流是指資金的流通，企業與企業間或企業與消費者之間交易完成所產生資金流通。包括現金交付、轉帳、匯兌、票據交換等事宜。

2. 金流的演進：

(1) 傳統金流：傳統的資金流通僅止於付現和票據交換。

(2) 現代金流：所謂電子貨幣如金融卡、信用卡等，現代金流即透過此種電子貨幣，快速地處理付款作業，並登錄客戶的資料。

3. 金流的重要性：當買賣雙方進行交易活動之後，隨之產生資金移轉的作業，商品所有權的移轉與資金的流通是同時存在，金流可以促使交易順利進行，且提供便利與安全等特性，是影響商業交易活動完成的重要因素。

4. 金流的主要特性：金流活動中，如何選擇和運用這些工具，應考慮下列各項特性：

(1) 便利性。　(2) 安全性。（金流的第一考量因素）

(3) 有效性。　(4) 時效性。　(5) 公開性。

5. 現代金流交易工具：

卡別	功能	實例
金融卡	依帳戶存款金額，領取現金及轉帳。	郵局的提款卡，各銀行發行的提款卡。
簽帳金融卡	具有金融卡與簽帳卡的功能，依帳戶存款金額，領取現金及轉帳。特約商店刷卡消費，信用額度等於帳戶存款金額。	中信銀發行的英雄聯盟簽帳金融卡、Line Pay簽帳金融卡、新光銀行發行的簽帳金融卡。
信用卡	特定的信用卡額度，持卡人可在此額度內於特約商店內刷卡消費，具有延遲付款的功能。還款可採全額或繳付部分帳款。	各銀行所發行的信用卡
簽帳卡	高信用額度，甚至無信用額卡，持卡人可在額度內於特約商店內刷卡消費，具有延遲付款的功能。在繳款截止日前需全額付清帳款。	美國運通卡
預付卡	須先將現金儲存入卡片內（即儲值），即可持卡在特約商店內消費。	悠遊卡，icash卡

(四) 資訊流

1. 資訊流的意義：資訊流是指資訊情報的流通，主要在結合電腦和通訊技術，協助商流、物流與金流的作業處理。

2. 資訊流的重要性：對流通業而言，流通過程所產生的資訊，其效率性、時效性和安全性甚至消費者之商業情報，都足以影響產品的製造及銷售情況。

3. 資訊流具備特性：

(1) 系統性：實施資訊流時，必須先決定所需要的資訊種類，成為一個整體性的系統。

(2) 連續性：資訊系統的作業是要連續進行的，而不是一種間斷性的手法。

(3) 整體性結構：資訊系統除了有電腦和機器設備外，也必須包括人為及程序來操作這些設備。

4. 資訊流所運用的工具：

(1) 條碼（Bar Code）：條碼是依照特定編碼規則產生的圖像符號，企業只要使用相關的軟硬體設備，即可讀取條碼的內容。條碼的類型，以組成的方式可區分成一維條碼和二維條碼。

A. 一維條碼：條碼是將商品數字代號，改由粗細不同的長方形黑線條，及空白線平行組合而成，並列印或黏貼在商品上，業者可以使用條碼掃描器閱讀條碼，將資料輸入電腦加速進出貨及結帳等工作的進行。

(A) 條碼的結構：條碼的種類，根據長度的結構不同，可分為標準碼及縮短碼兩種。

a. 標準碼：是由國家代碼、廠商代碼、產品代碼及檢核碼共13位數字所構成。此碼適合一般商品，分別說明如下：

國家代碼	由國際商品條碼總會授權使用，通常為了位數。我國的國家代碼為「471」。
廠商代碼	我國是由中華民國商品條碼策進會（CAN）核發給廠商使用，通常為4位數。
產品代碼	由廠商根據本身的需要情況（如：產品批號、規格、價格、重量、尺寸、有效期間等）自行編定代碼，通常為5位數。

檢核碼	為了檢核條碼掃描時是否發生錯誤所編定的號碼，通常為1位數，且為最後1位代碼。

b. 縮短碼：是由國家代碼、產品代碼、及檢核碼共8位數字所構成，此碼適用於面積太小無法用標準碼之商品。前3位為國家代碼，其次4位為產品代碼，最後1位為檢核碼。

B. 二維條碼：將商品資訊依特定規則編製成幾何圖形的條碼，使用二維條碼的讀取設備，即可取得該商品資訊的內容。二維條碼比一維條碼的資料儲存量大且資料保密與防偽功能較佳。
例如：行動條碼QR code，使用者只要以智慧型手機即可迅速讀取相關資訊。

C. 使用商品條碼之效益：

> 條碼是商業自動化的基礎，也是EDI、POS、EOS、VAN的共通語言。

(A) 對製造商之效益：

a. 有效控制原物料及進出貨的數量。

b. 有利於品質控管。

c. 迅速獲得消費趨向的商情資訊。

(B) 對批發商之效益：

a. 掌控進出貨的庫存量。

b. 有利於配送作業，提高服務品質。

(C) 對零售商之效益：

a. 可迅速、準確處理收銀工作，防止櫃檯人員舞弊，提高結帳效率。

b. 可快速獲得商品銷售的資料，迅速調整營運的方向。

(D) 對消費者效益：

a. 快速結帳，避免銷售尖峰瓶頸之等待。

b. 減少結帳付款的錯誤，安心完成交易。

(2) 銷售點管理系統（POS）：銷售點管理系統（Point of Sale，簡稱POS）又稱銷售時點管理系統，是企業蒐集銷售情報的主要工具。POS利用一套具光學掃描功能的收銀機系統，運用其電腦登錄、統計、傳輸資料的功能，針對商品的銷售，來迅速結帳及開立發票外，並能把銷貨、進貨、存貨等資料，透過電腦處理與分析後，列印出各種報表，提供業者營運管理與決策之參考。
使用POS系統之效益主要在於：

A. 提供商品資訊。

B. 加快結帳的速度，減少人為疏失及錯誤。

C. 加強採購管理的工作。

D. 強化決策分析之系統作業。

(3) 加值型網路系統(VAN)：加值型網路系統（Value Added Network，簡稱VAN）是業者應用資訊服務公司（電信業者如中華電信公司）提供基本網路（如電話、數據機），另外提供附加價值功能（如資料處理、儲存、傳送等）的一種轉接傳輸營運情報系統。
使用VAN系統之效益主要在於：

內部效益	企業內部透過VAN可以傳輸各種整合性管理資訊，使各部門可以正確、迅速地得到所需的情報。
外部效益	企業也可以透過VAN和外界的供應商、客戶、物流業者及金融機構等交流情報，以獲得更多的訊息。

(4) 電子訂貨系統（EOS）：電子訂貨系統（Electronical Ordering Systems，簡稱EOS）是指結合電腦與通訊方式，取代傳統商業下單、接單、及其他相關作業的自動化訂貨系統。又稱為「無紙的訂貨系統」。這種訂貨方式是零售商將訂貨資料輸入電腦，經由通訊網路傳輸到連鎖總部、批發商、物流中心或製造商的電腦系統之內。

使用EOS系統之效益主要為：

對零售商之效益	A.簡化訂單作業、降低人工作的成本。 B.可少量多樣訂貨，符合顧客的消費需求。 C.可以縮短與供應商之間訂貨作業時差，降低缺貨率，並可有效控制安全存量。
對供應商之效益	A.易於掌握零售商之進貨情形，降低庫存量，有助於製程的安排。 B.可快速回應訂單處理的情況，滿足零售商快速服務的要求。 C.縮短接單的時間，降低成本，掌握資金的運用。

(5) 電子資料交換系統（EDI）：電子資料交換系統（Electronic Data Interchang，簡稱EDI）是指將企業間交易往來的商業文件，轉換成標準化的電子資料格式，透過電腦通訊網路傳輸給對方的方法。使用EDI系統之效益主要為：

A. 降低交易成本，節省資料的重複輸入。

B. 使上下游廠商的資料格式一致，使資訊流通標準化，提高資料傳輸速度。

C. 減少紙張使用，符合環保。

(6) 巨量資料（Big Data）：巨量資料（Big data），又稱為「大數據」，是指龐大程度和複雜度高到傳統資料處理應用程式和系統無法充分處理的結構化和非結構化資料集。巨量資料可以提供增強預測性分析的信度和效度。資料集分析是用來找出新的相關性，可以看出商業趨勢、預防疾病、打擊犯罪，以及更多其他用途。

(7) 近距離無線通訊（NFC）：近距離無線通信（Near Field Communication，簡稱NFC），又稱「近場通訊」，是一種短距離的高頻無線通信技術，透過電子設備之間進行非接觸式點對點數據傳輸，交換數據。近場通信業務結合了進場通信技術和移動通信技術，實現了電子支付、身分認證、票務、數據交換、防偽、廣告等多種功能，是移動通信領域的一種新型業務。近場通信業務改變了用戶使用行動電話的方式，使用戶的消費行為逐步走向電子化，建立了一種新型的用戶消費和業務模式。

(五) 服務流

1. 服務流的意義：所謂服務流是以消費者需求為導向，為提升顧客滿意所採行之服務系統設計與活動。服務流是結合商流、物流、金流與資訊流，運用創新科技來滿足最終顧客的需求，創造顧客的最大滿意度，以增加企業的最大利益。

2. 顧客整體滿意度的意義：

 (1) 滿意：是一個人愉悅的感覺。
 失望：產品的績效不如所預期。

 (2) 若績效遠低於預期→顧客不滿意。
 符合預期→顧客就會滿意。
 若績效超出預期→顧客就會滿意與愉悅。

3. 服務的特性：

 (1) 無形性：服務是無形的，是摸不著的，無法具體碰觸的，因此顧客無法以衡量實體產品的方式來衡量服務。

 (2) 不可分離性：服務的生產、行銷和消費，這三個流程幾乎是同時發生的，是不可分的。

 (3) 易消逝性：是指服務無法加以儲存。

 (4) 易變性：指服務不像實體產品一樣具有標準化的特性。

4. 服務的類型：

 (1) 售前服務：發生在顧客購買之前，為企業所提供的一種免費服務，目的是要了解顧客的個別需求，並且加強顧客認識產品及增進對產品的信心。

 (2) 售後服務：提供商品的廠商和顧客完成交易後，隨著使用商品所產生的各種服務內容。

(3) 顧客諮詢服務：顧客在尚未購買到完成交易且開始使用產品時，企業以其專業的知識提供給不同顧客的諮詢與建議，以確實掌握顧客的需求變化。

(4) 主動出擊服務：通常是在雙方交易完成後，企業不等顧客上門詢問即按照所排定的程序，由服務人員主動出擊，以電話、書面等，有計畫地向顧客提供服務。

5. 顧客服務的產出：顧客服務的產出表現在四種創造過程中，說明如下：

顧客創造	顧客服務的實施與展開為企業建立顧客忠誠，創造了固定的顧客，特別是對重點顧客的重點服務，使目標市場的顧客能長期穩定化。老顧客的影響又會帶來新的顧客。
利益創造	顧客的創造過程就是利益的創造過程，規模效益在此被充分表現出來。優良的顧客服務建立第二次買賣機會。
人才創造	從事顧客服務的人員在實踐活動中可以不斷地提高自身的素質和服務水平，增強營銷能力，此可以為企業培養和造就優秀人才。
業務創造	藉著顧客服務回饋的資料，企業可以即時、準確地了解市場環境的變化、消費趨向的變動，企業藉此調整業務或開闢新業務。

6. 衡量滿意度的技術：

(1) 定期調查。 (2) 監視顧客流失率。

(3) 偽裝成潛在顧客。 (4) 親自體驗顧客待遇。

7. 顧客抱怨的補救：

(1) 設立24小時免付費「熱線」接收與回應顧客抱怨。

(2) 接到顧客抱怨，應立即回應。

(3) 承擔顧客失望的責任。

(4) 聘用有同理心的客服人員。

(5) 盡快解決抱怨，讓顧客滿意。

8. **培植顧客關係：**

(1) **顧客關係管理（簡稱CRM）**：係指企業運用完整資源，全面了解每位客戶，再透過所有管道與客戶進行互動以達成提升客戶價值的目的。

顧客關係管理的目標：是能夠即時的滿足顧客需求，以提高顧客滿意度，並與顧客建立一個長期的良好關係，進而增加營業利潤，形成一良性循環的服務利潤鏈，這也是現代商業機能服務流的最終目標。

(2) **吸引與留住顧客：**

A. **降低顧客叛離：**

(A) 先界定顧客留住率。

(B) 研判流失的原因。

(C) 估計流失所造成的損失。

(D) 傾聽顧客的聲音。

(E) 僱用退休員工來拜訪。

B. **留住顧客的動態性：**

(A) 以具體行動使常客成為重要顧客。

(B) 重要顧客調整為擁護者。

(C) 擁護者成為公司的夥伴。

(3) **建立忠誠度：**

A. 與顧客互動。

B. 發展忠誠方案。

C. 個人化行銷。

D. 創造結構性連結。

(4) **重新擁抱顧客**：以收買人心策略贏回不滿意的顧客。

9. **顧客資料庫與資料庫行銷**：

(1) **顧客資料庫**：顧客資料庫應涵蓋：

A. 過去的購貨資訊。

B. 人口統計資料（年齡、所得、家庭成員、生日等）。

C. 心理統計資料（活動、興趣與意見）。

D. 媒體使用資料（偏愛媒體）。

E. 其他有用資訊。

(2) **資料倉庫與資料探勘**：顧客與各個部門接洽時，都在建立資訊，接觸點包括顧客採購、顧客要求服務拜訪、線上詢價、或郵寄折扣卡等。公司的聯繫中心搜集這些資訊並組織好放入資料倉庫（data warehouse）。

行銷統計人員經由資料探勘（data mining），從大量的資料中來擷取有關個人、趨勢與區隔的資訊。資料探勘是利用複雜的統計與數學技術，如集群分析、自動互動偵測、預測模式與神經網路等。

(3) **公司將資料庫用於五個方面**：

A. 確認有望顧客。

B. 決定哪些顧客應得特殊的服務。

C. 深化顧客忠誠度。

D. 使顧客再度購買。

E. 避免嚴重的錯誤。

考前實戰演練

( ) **1** 下列何項適合採用選擇型商流通路？ (A)通路廣且長，商品流通過程無特定中間商 (B)商品價格較高，購買頻率較低 (C)商品價格低廉，較容易取得 (D)消費者對商品的購買頻率高，不須專人解說。 【109年】

( ) **2** 以下何者不是「銷售點管理系統（Point of Sale，POS）」可能會帶來的效益？ (A)縮短收銀時間，提升服務品質 (B)系統簡單容易操作，降低出錯機率 (C)有效掌握庫存數量，並即時補貨 (D)解決廠商之間不同電腦系統的問題。 【109年】

( ) **3** 近年來由於通路商日趨強勢，商品流通模式已漸由供應商主導。在這其中，物流的功能除了運輸配送與倉儲裝卸外，不包括下列何種功能？ (A)包裝 (B)流通加工 (C)分類貼標 (D)製造加值。 【108年】

( ) **4** 有三個連續的情境：(1)身體不適，雖然不想出門，無奈必須親自去看醫生；(2)醫生診斷為普通感冒發燒，吃藥即可；但不放心又去看了第二位醫生，卻被診斷為腸胃炎發燒，應住院打點滴；(3)看完兩位醫生後兩天，感覺第二位醫生的診斷比較正確。以上情境依序屬於服務的何種特性？ (A)易逝性、變異性、無形性 (B)不可分割性、無形性、變異性 (C)不可分割性、變異性、無形性 (D)變異性、無形性、易逝性。 【108年】

( ) **5** 下列有三種網購商品，請依序判斷屬於何種類型的商品？(1)金石堂網站所販售的暢銷書；(2)蘋果公司所提供付費下載的音樂；(3)訂房網所提供的訂房仲介服務。 (A)實體商品、線上服務商品、數位化商品 (B)實體商品、數位化商品、線上服務商品 (C)實體商品、線上服務商品、線上服務商品 (D)線上服務商品、數位化商品、線上服務商品。 【108年】

( ) **6** 下列何者不屬於POS系統所可收集的即時資訊？ (A)商品的品項與數量 (B)商品的銷售預測 (C)商品的銷售時間 (D)商品的廠商與國別。 【107年】

( ) **7** 某訂房網站長期承包在地多家旅館的客房供消費者以優惠價格訂房，透過訂房網站平臺，消費者可清楚明瞭飯店的房型與附加的餐點服務，最重要的是在預訂的當下即能確定房間數、房型與價格，亦可立即選擇信用卡完成支付。以商業機能與通路階層來看，請問下列對其商業運作的敘述，何者正確？ (A)包含金流、商流、資訊流與一階通路 (B)包含商流、金流、物流與零階通路 (C)包含資訊流、金流、商流與二階通路 (D)包含金流、資訊流、物流與一階通路。 【107年】

( ) **8** 現代商業從生產者到消費者的每個環節，都可能產生資訊或資訊的交換。下列何者是消費者與零售商之間產生資訊的資訊流工具？ (A)POS (B)EDI (C)EOS (D)SOP。 【106年】

( ) **9** 因行動支付日漸興盛，業者陸續推出ApplePay、AndroidPay與LinePay等行動支付工具，這是屬於何種現代化商業機能？ (A)物流與資訊流 (B)商流與物流 (C)金流與資訊流 (D)金流與物流。 【106年】

( ) **10** 寒暑假赴遠地求學的學生，利用宅急便載送大件行李回家。此項作為應屬於物流的何種類型？ (A)工業品物流 (B)消費品物流 (C)行李物流 (D)資材物流。 【105年】

( ) **11** 下列何者不屬於企業導入電子訂貨系統（EOS）的效益？ (A)下單作業更為便捷 (B)存貨管理更為準確 (C)提升訂單效率 (D)縮短收銀作業時間。 【105年】

( ) **12** 協助買賣雙方交易款項之收付業務，例如：台灣的Yahoo！奇摩輕鬆付、歐付寶等，主要是負責現代化商業機能中的哪一種？ (A)商流 (B)物流 (C)金流 (D)資訊流。 【104年】

( ) **13** 看好網購市場未來龐大商機，某電信業者與國內知名科技公司宣布合作成立購物商城，跨足網購市場，這是最符合現代商業的何種趨勢？ (A)通路結構整合化 (B)服務創新化 (C)業態多樣化 (D)業際整合化。 【104年】

( ) **14** 下列有關商品條碼的敘述，何者錯誤？ (A)二維條碼比一維條碼所儲存的資料較多，但安全性較低 (B)我國的EAN碼之國家代碼為471 (C)商品在生產階段就印在包裝上的條碼為原印條碼 (D)店內條碼僅供店內使用，無法對外流通。 【104年】

( ) **15** 某量販店從國外進口商品，送至某物流中心，於該量販店有需求時再配送至各需要的分店，下列何者不屬於此物流中心提供之功能？ (A)倉儲保管功能 (B)所有權移轉功能 (C)運輸功能 (D)裝卸搬運功能。 【103年】

( ) **16** 最近媒體上常常出現「巨量資料」、「大數據」；透過電腦做篩選、整理、分析，所得出的結果不僅可得到簡單、客觀的結論，更能用於幫助企業進行經營決策。蒐集的資料還可以被規劃，引導開發更大的消費力量。這個流程屬於下列何種機能？ (A)商流 (B)金流 (C)資訊流 (D)物流。 【103年】

( ) **17** 下列有關商業現代化之敘述，何者錯誤？ (A)商圈更新及再造，可改善商業環境 (B)推動自動化及電子化，可提升商業服務品質 (C)定型化契約及特種交易行為之規範，有助消費者權益之保護 (D)健全財務會計制度及商業法律，有助於健全營運主體、維護商業秩序。

( ) **18** 統一超商公司利用POS系統來收集各項商品的銷售資訊，這是下列何種商業機能的範圍？ (A)資訊流 (B)商流 (C)物流 (D)金流。

( ) **19** 顧客滿意度指標的簡稱為 (A)NFC (B)CSI (C)CRM (D)EOS。

( ) **20** 有關商流活動，下列敘述何者正確？ (1)商品所有權移轉的所有活動 (2)商品透過交易活動而產生的流通過程，包括進、銷貨及開立發票等帳務管理活動 (3)商流可視為物流、金流與資訊流等機能的延伸 (4)商流只限於製造商與批發商間的交易活動，不包括零售商與消費者間的互動。 (A)(2)(3) (B)(1)(2) (C)(3)(4) (D)(1)(4)。

( ) **21** 對業者而言，收取現金比收取信用卡有利，收取信用卡又比收取遠期支票有利，這是業者在選擇交易工具時所考量之何種因素？ (A)時效性 (B)公開性 (C)安全性 (D)便利性。

( ) **22** 飯店在旅遊旺季提高住宿房價，在淡季降價促銷，是為了改善下列哪一項服務的特性？ (A)易消逝性 (B)無形性 (C)不可分割性 (D)易變性。

( ) **23** 商業在現代社會中所扮演的角色，對「個人」而言，下列敘述何者為非？ (A)創造就業機會 (B)提升多元的選擇機會 (C)可累積外匯及增強國力 (D)滿足慾望。

( ) **24** 大台南觀光公車的班次，平日比假日少，這是為了改善下列哪一項服務的特性？ (A)易變性 (B)不可分割性 (C)易消逝性 (D)無形性。

( ) **25** 商流最重要的機能為 (A)執行所有權移轉 (B)發掘顧客需求 (C)提供適當的交易管道 (D)傳遞交易情報給上游廠商。

( ) **26** 關於常見的金流交易工具，下列敘述何者錯誤？ (A)智慧卡可達到「多卡合一」的效果 (B)簽帳卡是一種先付款後消費的信用工具 (C)信用卡及簽帳卡只能在特約商店使用 (D)金融卡又稱提款卡。

( ) **27** 透過系統化的資料蒐集與運用，了解顧客需求，並適時調整營運策略，以創造企業與顧客最大利益的做法，稱為 (A)顧客關係管理 (B)顧客抱怨處理 (C)顧客滿意度調查 (D)顧客服務體系。

( ) **28** 政府與財金公司合作，運用晶片卡等商業技術，啟用「晶片金融卡繳稅服務」，這是屬於商業現代化機能的哪一些機能？ (A)資訊流、金流 (B)商流、物流 (C)金流、商流 (D)物流、資訊流。

( ) **29** 透過物流系統的運作，物品得以妥善儲藏保存，並於各個流通階層產生需求之時從中提領配送。以上主要是在說明物流的何種機能？ (A)運輸配送 (B)加工包裝 (C)資訊提供 (D)倉儲保管。

( ) **30** 下列關於條碼的敘述，何者正確？ (A)印製在商品包裝外箱上以利運送時辨識的條碼，稱為原印條碼 (B)不論是標準碼或縮短碼，檢核碼都是2位數 (C)一維條碼能儲存的資料比二維條碼更多 (D)二維條碼比一維條碼在資料保密方面更加安全。

( ) **31** 下列何者並非商業現代化的目標？ (A)改善商業環境 (B)促進經濟建設與城鄉均衡發展 (C)降低流通成本 (D)放寬保育類商品進口。

( ) **32** 有關現代化商業機能的說明，下列何者正確？ (A)依不同商品特性可分為開放型商流、選擇型商流、封閉型商流 (B)物流最核心的功能是運輸配送 (C)信用卡、簽帳卡與預付卡都是先消費後付款 (D)推動商業自動化應優先推廣電子資料交換。

( ) **33** 現代經濟的中心，也是商業發展的最高交換型態是 (A)物物交易 (B)貨幣交易 (C)信用交易 (D)形式交易。

( ) **34** 下列有關顧客關係管理的實施步驟，何者正確？ (1)資料運用 (2)資料儲存 (3)資料蒐集 (4)資料分析 (A)(4)(3)(2)(1) (B)(1)(2)(3)(4) (C)(3)(2)(4)(1) (D)(1)(3)(2)(4)。

Chapter 04

商業的經營型態

一、業種與業態

(一) 業種與業態之意義與區別

業種	所謂業種，就是以販賣的商品種類，來劃分的不同行業。換言之，業種店中商家以販賣特定的物品為主。
業態	所謂業態，就是以經營的型態或方式，來劃分的不同行業。換言之，業態就是以商品的銷售方式為基礎來區分。

(二) 新興業態興起的原因

隨著消費者多元化的需求，單一業種商店已無法供應市場。新興業態逐漸興起，而興起的原因如下：

消費者的需求	國民所得提高，消費者型態改變，新興業態因而陸續出現。
市場競爭	新興業者或大型連鎖化的業者逐漸加入市場，造成競爭日趨激烈。
市場缺口	每一個商家都想要在市場占有一席之地，一旦市場出現商機空隙，便會去填補。
技術的研發與創新	科技不斷的研發與創新，加速了新興業態的興起。

(三) 行銷通路

1. 意義：產品從製造商移轉到消費者中間所經過的管道，又稱為配銷通路或分配通路。

2. 功能：

(1) 促成交易。 (2) 傳遞資訊。

(3) 承擔風險。 (4) 實體配送。

3. 種類：

(1) 零階通路（直接行銷通路）：製造商的產品不經過中間商，而直接將產品銷售給消費者。如電視購物、網路購物、郵購、直銷業等。

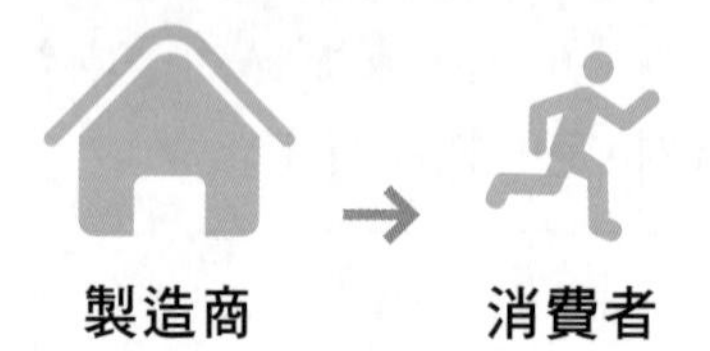

(2) 一階通路：製造商將產品透過一個中間商轉售給消費者。

(3) 二階通路：製造商將產品透過二個中間商再轉售給消費者。

(4) 三階通路：製造商將產品透過三個中間商再轉售給消費者，這三個中間商分別為批發商、中盤商及零售商。

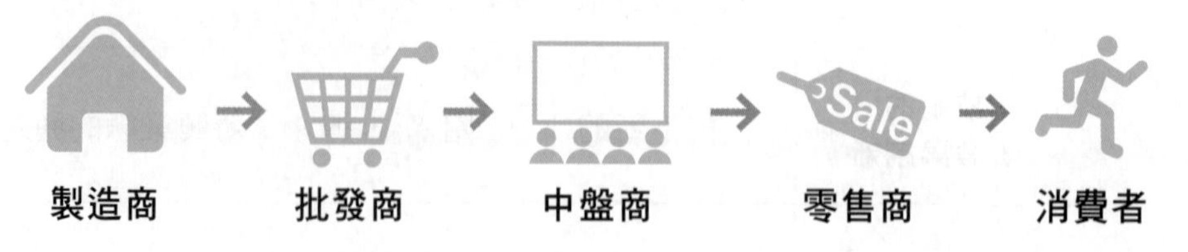

二、零售業

(一) 零售及零售業之意義

1. 零售：從批發商購進商品，再經過分裝、整理、標示及陳列展示等方式，提供給消費者。

2. 零售業：從事零售活動的業者，稱為零售業。

(二) 零售業的功能

1. 對製造商：

   (1) 行銷的功能：製造商可透過零售業將產品移轉到消費者手中，使得製造商專心於製造，不必承擔銷售的風險。

   (2) 倉儲的功能：零售業者為能充分供應消費者需要而多儲存商品，無形中分攤了製造商的倉儲成本。

   (3) 資訊的功能：常會將顧客的反應提供給製造商，無形間也替製造商搜集商品情報，做為改進的參考。

2. 對消費者：

   (1) 多樣選擇的功能：零售業者將不同的商品展示陳列，讓顧客能比較選購。

   (2) 服務的功能：可透過零售商的解說，讓消費者買到合適的商品。

   (3) 舒適的購物環境：為能使消費者安心選購，零售商提供良好設備。

(三) 零售業的特質

1. 現金交易，降低風險。

2. 多樣少量，商品週轉率高。

3. 促銷手法琳瑯滿目，刺激購買慾望。

(四) 零售業的分類

最常見的分類如下表所示

(五) 零售業的新興型態

1. **便利商店**：便利商店俗稱超商，以販售便利性、服務性的商品為主的零售商店。

   (1) **便利商店的特質**：

   A. 24小時營業。

   B. 提供便利性與服務性的商品。

C. 商品少量多樣，有選擇性的便利。

D. 親切服務，結帳清楚迅速。

E. 商店面積不大，但大多位於人潮聚集的地點。

F. 光源充足，商品陳列整齊，標示清楚，顧客有舒適購物環境的感覺。

(2) 便利商店的經營優勢：

A. 距離的便利：便利商店是目前開發密度最高的業態商店，設店靠近顧客聚集處。

B. 時間的便利：大多24小時經營，方便顧客隨時購買。

C. 商品的便利：商品品項種類繁多，少量多樣的陳列，提供即時性、多樣性的選擇。

D. 服務的便利：提供多項附加服務。

(3) 便利商店的經營劣勢：

A. 設店成本增加：好的店面取得不易，且取得租金成本漸漸提高。

B. 門市人員招募困難：人員流動率高，招募不易，影響服務品質。

C. 商圈重疊性太高，競爭激烈：便利商店到處可見，商品重複性太高，無法突顯應有的特色。

D. 其他業態的經營：部分商品與超級市場及量販店雷同，可替代的產品隨處可見，造成消費者選擇性越來越高，直接影響了競爭優勢。

2. 超級市場：超級市場簡稱超市（Supermarket），是一種銷售生鮮食品之場地達到一定面積，以銷售食品為主，日用品為輔，顧客自助服務的大型賣場。

(1) 超級市場的特質：

A. 賣場整齊清潔。

B. 自助式的販賣方式。

C. 通常營業時間為早上10點至晚上10點，全年無休。

D. 商品種類齊全，以販售食品為主，日用品為輔，生鮮食品均以包裝方式陳列。

E. 採不二價的標價方式銷售，以販售中價位商品為主，並輔以特價品促銷。

F. 目標顧客群，以職業婦女、單身者和社區內住戶為主。

(2) **超級市場的經營優勢：**

A. 商品齊全、多樣化：相較於便利商店或傳統市場，超市提供更多的商品選擇。

B. 品質與價格有保障：連鎖化經營，藉由大量進貨來控制成本，以現代化的設備來處理生鮮食品及加工品，可保障商品品質。

C. 舒適的購物環境：商品陳列整齊、標示清楚，藉此吸引消費者。

(3) **超級市場的經營劣勢：**

A. 同業態間競爭激烈：小量購買的顧客，為了便利到超商購買，大量採購者，受到低價的吸引而去量販店購買，面對同業的競爭使得毛利下降，經營較為困難。

B. 無法滿足一次購足：受限於營業面積的大小，因此大都採少量多樣化的陳列方式，無法符合一次購足的方便性。

C. 設店成本高：租金成本高，占營業成本中極大的比例，造成經營上的負擔。

3. **量販店**：量販店（General Merchandising Store，簡稱GMS），根據我國行業標準分類的規定，是指同時結合倉儲與賣場，以從事多種大宗商品零售的業者，包括批發倉儲店及超大型賣場。因此，量販店不但具有大量進貨、大量銷貨的批發特性，也具有商品銷售給最終消費者的零售特性。係屬於大量進貨、大量銷售的零售業態。

(1) **量販店的特質：**

A. 賣場面積大，內部佈置簡單。

B. 用品百貨一應俱全，以日用品為主。

C. 停車方便，週邊設備齊全。

D. 廣發廣告單（DM），大力促銷。

E. 量販包裝，價格低廉。

F. 自助購物，節省人力。

(2) 量販店的種類：依賣場處所與銷售對象而分：

A. 批發型量販店：地點多位於工業區，銷售對象以公司行號、團體及零售商為主。

B. 零售型量販店：又稱大賣場，地點多位於商業區或住宅區，銷售對象以一般消費者為主。

(3) 量販店的經營優勢：

A. 貨色齊全：從一般日用品、生鮮食品，到服飾、鞋類、電器產品都包括在內，品項可達萬種以上。

B. 低價格導向：直接向製造商大量進貨，減少流通階層數，以降低購入成本，低價是吸引顧客最重要的利器。

C. 便利性高：備有大型停車場，賣場內購物動線明確、走道寬敞舒適。

D. 現代化的經營管理技術：大量導入先進的管理技術與資訊系統，協助其能力提升而快速發展。

(4) 量販店的經營劣勢：

A. 土地取得不易：賣場面積要大，停車場要足夠，適合的位置越來越難開發。

B. 相關法律限制：土地使用法規及商業法規、消防法、稅法種種限制之下，量販店的經營發展更是面臨困境。

C. 同質化的競爭環境：熱門商圈內各量販店林立，常造成業者削價競爭。

D. 投資金額龐大、回收期限長：必須投入極為龐大的資金，加上低毛率政策，使得回收期延長。

4. 百貨公司：百貨公司是指在同一場所從事多種商品分部門零售之大型零售商店。百貨公司通常會設立專櫃租給多家廠商進駐，並提供高品質、多樣化、及便利性的商品與服務。

(1) **百貨公司的特質：**

A. 位於人潮擁擠的地段或交通要道，方便採購。

B. 規模龐大，裝潢考究。

C. 商品種類繁多，且具流行性。

D. 專櫃經營，專人服務。

E. 提供中高價位的商品為主，且不二價。

F. 兼具購物及休閒的功能。

(2) **百貨公司的經營優勢：**

A. 交通便捷、方便購物：多位於交通便利之處。

B. 商品種類齊全、多樣化：販售當季流行商品，且商品種類齊全。

C. 附屬設施多、兼具採購與休閒功能。

D. 完善的顧客服務。

(3) **百貨公司的經營劣勢：**

A. 商品售價偏高：專櫃為了支付抽成而反映於商品售價上，使得商品售價偏高。

B. 高額的營業費用：土地、租金成本、大量的廣告費用及顧客服務費用等，使得營業費用增加。

C. 同業競爭、差異化變小：同一專櫃廠商常於不同百貨公司設點，使彼此的差異有限。

D. 商品受季節影響：易受過季影響而降價求售，因而獲利下降。

E. 新型態零售店的出現：有的消費者轉向專門店、精品店購買，百貨公司因此面臨新的競爭者威脅。

5. **專賣店**（Speciality Store）：是指專門銷售某一系列商品的零售商店。專賣店的從業人員具有較多的專業知識，在消費者選購商品時能夠提供較多的專業諮詢服務，符合某些特定對象的需要。

(1) 專賣店的特質：

A. 商品線狹窄，但具深度化：專賣店專門銷售某一系列商品。

B. 專業性服務：不但具有專業服務人員，且商品的佈置亦依商品為中心，十足的專業性。

C. 重視與顧客的溝通：專業服務人員不但對顧客親切服務，而且重視與顧客的溝通。

(2) 專賣店的經營優勢：

A. 定位明確：將特定類型的商品集中陳列銷售，易塑造商店形象。

B. 商品齊全：有最齊全的同類型商品，消費者不需到許多家商店，即可選擇所需要的產品。

C. 服務專業：專賣店的服務人員必須具備更專業的知識，才能提供相關的資訊與服務。

(3) 專賣店的經營劣勢：

A. 經營模式易模仿：當一家專賣店經營成功後，不久坊間即出現類似型態的店。

B. 進貨成本高：無法以大量採購來控制進貨成本。

C. 專賣優勢面臨競爭：許多零售店，如百貨公司、量販店，開始銷售和專賣店相同的商品或設立專櫃。

6. 商城與賣場：許多零售店聚集在一起，如果這些零售商店是垂直分布在某棟大樓之內，這棟大樓可稱之為「商城」；如果這些零售商店是水平分布在某一區域之內，則這個區域稱之為「賣場」。商城與賣場可根據發展的歷史區分為傳統的商城與賣場，及現代化商城與賣場兩大類。

(1) 傳統的商城與賣場：傳統的商城與賣場，為了因應立場需求與商品特性聚集許多商店而成，販售之商品同質性很高，但由於設備陳舊、環境雜亂、商店之間缺乏統一規劃、管理，因此已逐漸沒落。

(2) 現代化商城與賣場：現代化商城與賣場是由一群零售商店，經由統一的規劃、開發、持有與管理所聚集而成的大賣場。又可統稱之為購物中心（Shopping Center，簡稱SC）。

A. 現代化商城與賣場（或購物中心）簡介：購物中心通常經過妥善的規劃，制度健全，統一管理，具備購物、休閒、文化、娛樂及服務等功能。

B. 現代化商城與賣場（或購物中心）的種類：根據美國的分類原則，可分類如下：

依外觀規模區分（我國經濟部商業司採用）	依據土地面積、賣場面積、停車台數、行車時間、及商圈人口等規模標準區分為下列四種： a.鄰里型購物中心：核心商店主要以超市為主。 b.社區型購物中心：核心商多半是中型百貨公司。 c.區域型購物中心：核心商店則以一家以上的大型百貨公司為主。 d.超區域型購物中心：核心商店為三個以上的大型百貨公司。
依商店特性區分（1980年代美國採用）	a.購物目的商店（Destination Shops）。 b.工廠直銷式購物中心（Factory Outlet Center）。 c.休閒娛樂式購物中心（Amusements Type Shopping Center）。 d.綜合使用式購物中心（Mixed Used Type Shopping Center）。

(3) **商城與賣場的經營優勢：**

A. 購物機能：商品種類多樣化，可以滿足消費者不同的需求。

B. 娛樂機能：除了一般性零售商店之外，可能包括百貨公司、電影院、遊樂場所等。

C. 休閒機能：附設健身房、美容SPA中心，可提供運動休閒功能。

D. 文化機能：附設書局或舉辦文藝創作活動等，都可提供消費者另一種文化饗宴。

E. 服務機能：附近的郵局、診所、電信局其他服務性單位，讓消費者更加便利。

(4) **商城與賣場的經營劣勢：**

A. 交通問題：有的商城位於舊市區內，停車不易。

B. 管理問題：經營理念或專業知識可能有所不同，不易統一管理。

C. 土地問題：因土地有限，而限制了發展性。

7. **購物中心**：根據國外的經驗，當國人所得提高，生活品質提升，民眾的生活與消費型態將隨之改變，強調可滿足多元化購物需求的購物中心有其樂觀的發展，近年來台灣的高消費力，吸引了許多國外零售業者注意，逐年來台設立據點。購物中心結合購物、休閒、娛樂、文化、餐飲為一體，是這幾年來的熱門話題。

(1) **購物中心的定義（Shopping Center）**：依美國購物中心協會的定義而言：「購物中心是由開發商規劃、建設、統一管理的商業設施；擁有廣大的停車場與大型的核心店，能滿足消費者一次購足的需求。」

(2) **購物中心的特性：**

A. 開發商主導：透過開發商對既有土地，進行統一規劃及建設，並招募租店戶共同經營。

B. 多家契約商店：同業種的租店戶，必須有兩家以上，供消費者在價格、品質服務方面自由選擇，並設立具特色的商店、專門店與餐飲等，店數越多，集客力愈大。

C. 要有核心店：所設立的核心店，都是擁有高知名度的百貨公司或量販店，以吸引集結大量的顧客。

D. 完善的停車空間：通常位於交通便利的郊區，商圈範圍大，因此購物中心必須設立充裕的停車位，以便利開車購物的消費者。

(3) **購物中心的經營優勢：**

A. 開發的整體性：從賣場的開發、規劃、設計到管理，係經統一規劃與整體開發，使其呈現的特色趨向一致性。

B. 立地的便利性：交通便利是立地條件之一，交通可及性要高，便於顧客到達，同時需有足夠的停車位。

C. 商品組合的多樣性：將各類商品與主題店聚集一起，經營力求商品組合的多元化，讓消費者輕鬆購物之外，也可享受其他休閒樂趣。

(4) **購物中心的經營劣勢：**

A. 租店戶招募困難：購物中心乃是眾多不同特色店的租金，稍具知名度的品牌店是極力爭取的對象，但這些廠商幾乎在百貨公司都已設立專櫃或自設專賣店，在僧多粥少情況下，勢必爆發爭奪戰，增加招商的困難度。

B. 租店戶管理不易：除了大型主題店及品牌店外，還需要招募許多商店，以增加賣場內的豐富性，而這些商店脫離不了傳統式經營，常導致管理有落差。

C. 協力團隊養成困難：購物中心的開發是一項龐大、高專業度的工作，需要各種專業人員共同投入完成，整合一群來自不同背景、工作經驗者，成為有效率的團隊，並非易事。

D. 投資成本高，回收期限長：購物中心是一個大型建築物，須取得大面積的土地，加上軟、硬體設施，都必須投入龐大的資金，回收期限長，也是業者慎重評估因素。

8. **無店舖經營型態的種類：**

(1) **自動販賣**：以自動販賣機取代人力的一種銷售方式。消費者將錢幣投入機器，按下欲選購的商品之選擇鍵，就可從取物口取得商品，其特點為可以24小時營業，滿足消費者便利性的需求，販賣機佔地有限，且無人看守，因此商品必須具單價低、體積小、重量輕、形狀整齊等特色。

(2) **人員直銷：**

A.定義	人員直銷是指銷售人員與顧客直接接觸，面對面地說服顧客購買商品的零售業態。

B.種類

(A)聚會示範販賣：是利用團體或社區裡的意見領袖之名義，出面邀集熟識的親友聚會，備妥商品及精美型錄或說明書，並在一個輕鬆愉快的氣氛下進行商品的介紹，以達到銷售目的的方式。

(B)訪問販賣：登門拜訪，業務人員直接到顧客住處展示商品，甚至經由親自說明或示範，以達到銷售的目的的方式。

C.商品特性

(A)商品種類繁多。

(B)高利潤商品。

(3) 直效行銷：

A.定義

直效行銷是指透過廣告傳單、電視、廣播、報紙、電話、雜誌等方式來傳遞商品資訊，使消費者透過電話、傳真、或網路下訂單，並以郵政劃撥或提款卡轉帳方式付款的零售業態。

B.種類

直效行銷的方式很多，目前在我國較受重視的有下列三種：

(A)郵購。

(B)電視購物。

(C)網路購物。

C.商品特性

(A)商品獨特。

(B)價格適中。

(C)便於配送。

9. 無店鋪經營型態的經營優勢與目前面臨的問題：

(1) 經營優勢：

A. 成本低。

B. 所需資金少，進入市場的門檻較低。

C. 直接與顧客接觸，瞭解市場反應，可迅速調整營運方向，採取措施。

(2) **目前面臨的問題：**

A. 消費者較缺乏信心。

B. 消費者消費習慣較難更改。

C. 信用交易風險較大。

10. **多層次傳銷：**多層次傳銷是指公司利用許多層次的傳銷商或個人來販售商品的零售業態。每一個傳銷商或個人除了可以銷售商品賺取利潤外，還可以自行招募下一層的傳銷商或個人以建立其銷售網，並透過此一銷售網來銷售商品，以賺取利益。銷售網可一層層往下延伸，這種上下層之間的關係即稱為「上線」及「下線」，下線愈多，愈上線的傳銷商獲利也就愈多。

11. **網路購物：**網路購物又稱電子購物或線上購物，係指企業藉由電腦網路，將商品介紹給網上消費者，消費者可依網上說明，填寫訂購單，支付貨款後，企業再將商品送到消費者手中。過去消費者只能翻閱郵購型錄、或收看電視購物頻道，在有限時間內閱讀有限的資訊，再以傳真或電話方式訂貨。然而，現在消費者只要透過網路，便可以24小時蒐集不同國家的商品資訊，並直接在網上訂購商品及付款。

(1) **網路購物簡介：**從事網際網路（Internet）銷售之企業必須具備：電腦、數據機或網路卡、請網際網路服務業者（ISP）如中華電信提供HINET、資策會提供SEEDNET。網路購物的基本要件是企業以文字、圖形、或影像等方式，將商品型錄透過全球資訊網（World Wide Web：www）呈現在消費者的電腦畫面；至於付款、及配送則搭配傳統行銷體系，讓消費者可以有多樣化的選擇。

(2) **網路購物的特質：**

A. 可在網路上任意展示多樣化的商品項目，不致有存貨及成本的顧慮。

B. 電子商家全天候服務，消費者不用出門，也不用排隊。

C. 可以串聯全球的網路商家，打破地域的障礙。

D. 消費者享有高度的決策自主權。

(3) 網路購物的商品種類：根據網路購物所售的商品型態可以區分為下列三大類：

A. 實體商品：與傳統的型錄購物不同之處，網路購物網頁沒有版面篇幅的限制。

B. 數位化商品：透過網路行銷不但有利於資料檢索，而且可以結合文字、圖形、影音等電腦多媒體的功能，使數位化商品呈現的方式更為豐富。

C. 網上服務：透過網路提供服務性商品，如代訂機票、火車票、房屋仲介等，可以節省人力，提升效率。

11. 其他銷售方式：

(1) 大型折扣商店：

大型折扣商店是一種以薄利多銷為經營原則，採大量進貨方式以壓低進貨成本，並以低價提供中等及中上品質的商品之零售商店。目前美國知名的Wal-Mart、Kmart及Target三家大型折扣商店營業情形甚佳。

(2) 型錄商店：

型錄商店是一種要求顧客透過型錄與有限的現場展示，進行商品選購的零售商店。

(3) 跳蚤市場。

(4) 工廠直營店。

三、批發業

批發業是指銷售商品給零售商的商業活動：以批發為主要業務之公司行號，稱為批發商，這些批發商的集合則統稱批發業。

在商業體系中，批發業介於製造業與零售業之間。

(一) 批發業簡介

1. 批發業的特性：

(1) 販售單位大：批發商整批購進，分批出售，主要銷售對象為零售商，數量較一般消費者為多，通常銷售商品的數量是以整箱或整打為銷售單位。

(2) 進貨價格便宜：批發商是向製造商進貨，採購數量通常較個別零售商的採購數量更大，有較大的議價空間，可以降低進貨成本。

(3) 顧客固定：零售商與批發商之間通常會建立長期的合作關係，或因長期往來，有商業感情維繫，對批發商而言，其顧客是相當固定的。

2. 批發商的功能：批發商最大的功能在於協調生產與消費，亦即作為製造商與零售之間的溝通橋樑。茲分別說明如下：

(1) 對製造商的功能：

A. 縮減交易對象，節省銷貨成本。

B. 降低持有存貨的風險。

C. 提供市場資訊。

(2) 對零售商的功能：

A. 進貨方便。

B. 商品組裝、技術移轉等服務。

3. 批發業的種類：

(1) 依我國行業分類標準而分：根據我國行業分類標準，批發業可分為食品什貨批發業、鐘錶眼鏡批發業、及農畜水商品批發等17種行業。

(2) 依批發商所在地而分：

A. 產地批發商。

B. 集散地批發商。

C. 消費地批發商。

(3) 依是否擁有商品的所有權而分：

A. 商品批發商。

B. 居間商：居間商是不擁有商品所有權的批發商，以賺取銷售金額之一定比例的佣金為其主要收入。又可區分為代理商與經紀商兩類：

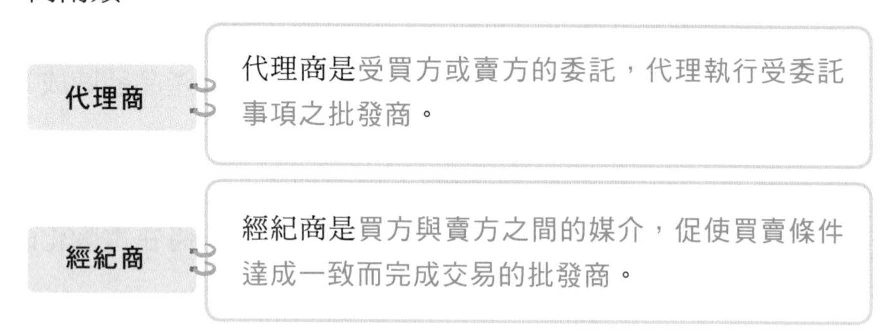

(4) 依規模與發展歷程而分：

A. 生鮮處理中心。　B. 物流中心。

C. 大、中盤商。

(二) 批發業的業態：

1. 生鮮處理中心：生鮮食品是收穫之後僅做簡單的加工處理即運送至市場販售之畜產類、水產類、蔬果類等食品。

(1) 生鮮食品的特性：

A. 易腐性。　B. 粗重性。

C. 耗損性。　D. 季節性。

E. 非齊一性。　F. 生產受自然環境限制。

(2) 生鮮處理中心簡介：生鮮處理中心是從事生鮮食品的集貨、加工、分級、包裝、儲藏、及運送等作業之新興批發業態。其主要的銷售對象為超級市場、量販店等零售商。

(3) 生鮮處理中心的功能：

A. 提供零售商整合性服務：生鮮處理中心同時從事採購、運銷、及販售等業務，提供零售商整合性服務。

B. 滿足現代零售商多元化之需求：生鮮處理中心具備低溫儲存、完整作業程序、自動化設備、專業管理人才，以滿足超市、量販店等零售商各項不同的需求，將生鮮食品保持在最佳狀態供輸給零售商販售。

(4) **生鮮處理中心的未來發展趨勢：**

A. 產品品牌化：生鮮食品的同質性與替代性較高，為了在消費者心中樹立產品品質一致的形象，建立產品品牌成為生鮮處理中心未來發展的重要趨勢。

B. 作業電腦化：為了配合消費需求，充分掌握市場銷售資訊，逐步引進生鮮食品條碼等電腦化系統，將在電腦化的處理下，成為最現代化的生鮮處理中心。

2. **物流中心**：物流即所謂物品流通。廣義的物流包括資材物流、生產物流、銷售物流、廢棄物流及回收物流；而狹義的物流則專指銷售物流，是指商品在製造商、批發商、零售商、及最終消費者之間的傳送過程。

在商業活動中，商品在各個傳送過程會產生額外的成本，但也能創造出附加的利潤。在傳統的通路結構中，這些額外的成本及附加的利潤是由物流各階層的商家共同分享；而現代的通路結構由物流中心取代物流各階層的商家，而所降低的商品傳送成本及增加的利潤則由物流中心獨享，物流中心再以提高服務或降低售價的方式將利潤回饋給顧客。

(1) **物流中心簡介**：物流中心（Distribution Center，簡稱DC）是為了達到有效連結製造商與消費者，縮短流通通路等目的而成立之新興批發業態。物流中心即以從事商品加工、倉儲及運輸等作業主要為營業內容。

(2) **物流中心的功能：**

A. 有效連結製造商與消費者：物流中心運用現代化資訊及管理技術，能立即將消費者的意見向製造商反應，有效地連結製造商與消費者。

B. 滿足多樣少量的消費需求：隨著物流中心的成立，零售商只要和少數幾家物流中心交易，便能得到多樣少量之商品，滿足消費者多樣少量的消費需求。

C. 縮短流通通路：傳統的通路結構中，製造商至零售商之間通常會有大盤商、中盤商等批發商存在；而物流中心則可以取代這些傳統批發商的角色，縮短流通通路。

D. 降低流通成本：傳統的通路結構中，每一階層的批發業者在運輸、倉儲等方面均需要花費成本，使得該項商品的流通成本較高；而今由物流中心取代所有傳統批發商的角色，將可以降低商品的流通成本。

(3) **物流中心的作業內容：**

A. 商品加工：物流中心接到商品後先拆箱分類，並依各零售商的不同需求改換包裝、加工及黏貼標籤。

B. 倉儲保管：物流中心內部大致可以分為進貨區、倉儲區、揀貨暫存區、與出貨區等區域，各區域可以依照商品特性擬定出各商品儲存的位置，決定商品裝卸所需的設備，及規劃搬運路線等作業。物流中心在倉儲方面所扮演的是轉運站的角色。

C. 運輸配送：製造商以少樣多量的方式，將商品輸送至物流中心，並經過加工處理後，以少量多樣的方式配送至各零售商。為了有效達到運輸功能，物流中心對運輸工具的選擇、運輸路線的規劃、與運輸工具的管理等，均會做妥善的安排。

D. 提供資訊：物流中心在配送的過程中可及時瞭解商品的販售情形以供本身配送及製造商運送商品的參考。

(4) **物流中心的種類：**

A. 依成立的業者而分：

製造商	例如：統一集團成立的捷盟、味全集團成立的康國、泰山集團成立的彬泰。
零售商	例如：全家便利商店投資的全台物流、萊爾富便利商店成立的萊爾富物流。

批發商或代理商	例如：德記洋行成立的德記洋行物流公司。
貨運公司	例如：大榮貨運、新竹貨運所成立的物流中心。

B. 依經營型態而分：

封閉型（專用型）物流中心	是指專為配送企業體系內之商品而發展出來的物流中心。例如：捷盟物流是為其關係企業一統一超商與統一麵包配送商品。
營業型（混合型）物流中心	是指擁有商品所有權，並從事商品銷售的物流中心。例如：德記物流。
中立型（開放型）物流中心	是指不擁有商品所有權，也不干涉商品的流通活動，而僅發揮物流功能的物流中心。例如：國內發展專業物流的大榮貨運。

(5) **物流中心發展所面臨的問題**：物流中心是一個需要高資本、現代技術、與創新管理觀念的新興業態：未來發展所面臨的問題大致歸納為以下七點：

A. 用地取得不易。
B. 投資金額高。
C. 專業人才不足。
D. 人員流動率高。
E. 基礎環境無法配合。
F. 作業規範尚未統一。
G. 市場競爭激烈。

(6) **物流中心的未來發展趨勢**：

A. 由本土物流走向國際物流：未來如何與國際海運、空運、及國外物流業合作，將成為國內物流中心業走向國際化的重要課題。

B. 配合商業發展走向整合服務：未來配合科技的發展、提供顧客即時的訊息與服務以滿足顧客的需求，將成為物流中心業發展的重要目標。

C. 發展共同配送系統：共同配送是企業與專業的物流中心業者共同合作，以物流中心處理企業原需自行處理的物流作業，亦即利用物流中心專業的作業流程與其廣佈的營業場所，達到快速配送商品的目的。企業若能充分利用專業的物流中心進行商品的配送，則物流中心業的發展將快速成長。

3. 大、中盤商：

盤商是指大量批進商品，再分銷售給下游廠商的批發商。

在商品的通路上，盤商可分為大盤商和中盤商，盤商在通路上的位置，如下圖所示：

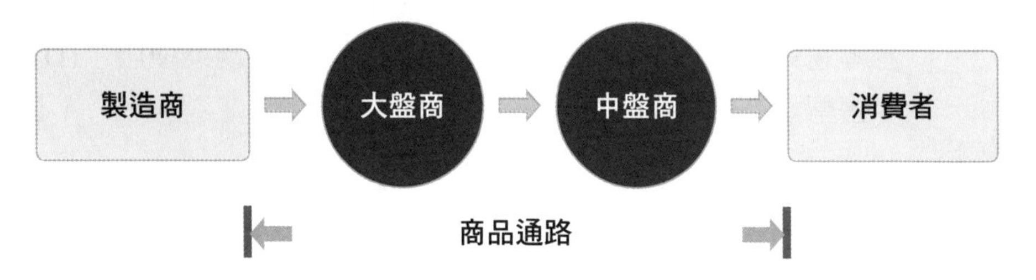

4. 代理商與經銷商

分類	代理商	經銷商
營運內容	接受委託人的委託，代為執行所委託的業務。 例如：臺灣的泛德代理BMW汽車。	將供應商所供應的商品銷售給其它人。 例如：臺灣Rinnai林內經銷商。
權利	代理權	經銷權
商品所有權	無	有
收入來源	佣金收入	進貨成本與銷貨收入的價差。

考前實戰演練

( ) **1** 一供應鏈中最接近消費者的零售業，其可提供給製造商的功能不包含下列何項？ (A)提供市場情報 (B)商品配銷 (C)提供少量多樣的商品選擇 (D)商品儲存。 【109年】

( ) **2** 某家傳統五金行，為了擴大服務顧客，增加了銷售五金以外的商品，消費者可以在轉型後的賣場購足平日所需物品。該廠商零售經營型態是如何轉變？ (A)專業零售業轉型為綜合零售業 (B)綜合零售業轉型為專業零售業 (C)業態店轉型為業種店 (D)有店鋪零售轉型為無店鋪零售。 【109年】

( ) **3** 某百貨商城推出網路商店販賣傳統百貨，並與知名漁撈公司及超商業者合作，可以線上下單百貨及生鮮漁獲，還可線下超商取貨。請問上列敘述不包含何種特性？ (A)朝向複合經營及多元發展 (B)開發自有品牌 (C)結合虛實通路 (D)採取異業策略聯盟。 【108年】

( ) **4** 某市中心近來剛開了一家高級的手工巧克力專賣店，從專賣店、業種、業態等角度綜合判斷，下列關於該店的敘述，何者較不正確？ (A)提供多樣的巧克力選擇 (B)可提供客製化的加值服務 (C)可提供專業的商品諮詢服務 (D)以全客層作為銷售對象。 【107年】

( ) **5** 下列關於代理商的敘述，何者錯誤？ (A)代理商擁有商品的所有權，接受委託執行業務 (B)製造商的代理商通常會代理二家或更多互補產品製造商的產品 (C)銷售代理商代理製造商的產品銷售，類似該公司的銷售部門 (D)採購代理商代理用戶進行採購，負責驗貨、倉儲及遞送等活動。 【107年】

( ) **6** 網路購物平臺的規模不斷擴大，已經逐漸衝擊到相關零售業的發展，下列何者不屬於其優勢？ (A)營運成本較低 (B)不受空間時

間之限制 (C)結合實體通路 (D)產品單一標準化。 【105年】

( ) **7** 關於合法的多層次傳銷，下列敘述何者錯誤？ (A)在一定期間內可以退貨 (B)須繳付高額入會費 (C)以直銷商整體業績為公司利潤來源 (D)提供商品滿足顧客需求。 【105年】

( ) **8** 以日用商品及生鮮食品齊全、中低價位之特色，來吸引一次購足、對價格敏感且精打細算之顧客族群，此最有可能之店鋪經營型態為何？ (A)百貨公司 (B)超級市場 (C)量販店 (D)購物中心。 【104年】

( ) **9** 有關蘭山烘焙咖啡豆專賣店的敘述，下列何者不正確？ (A)該店是以銷售商品為中心 (B)該店的經營者對商品知識較為充足 (C)該店的產品線較窄且深 (D)該店主要扮演替顧客採購商品的角色。 【103年】

( ) **10** 有關生鮮處理中心與物流中心的敘述，下列何者不正確？ (A)生鮮處理中心是進行生鮮食品集貨、加工及配送等作業 (B)物流中心是進行訂單處理、揀補貨、配送等工作 (C)生鮮處理中心配送車隊須符合通用特性 (D)物流中心的設立地點以交通便捷的地方為主。 【103年】

( ) **11** 阿牛在網路上發現情人節當晚，國父紀念館有一場不錯的演唱會，趕快連上年代售票系統預約訂票。這屬於網路購物的哪一種商品型態？ (A)實體商品 (B)型錄購物商品 (C)線上服務商品 (D)數位化商品。 【102年】

( ) **12** 物流中心可依其成立背景與通路功能而有所不同，例如統一企業為有效掌握通路，提高物流效率而成立了捷盟行銷公司，此屬於何種類型的物流中心？ (A)製造商型物流中心 (B)零售商型物流中心 (C)批發商型物流中心 (D)轉運型物流中心。 【102年】

(　　) **13** 關於多層次傳銷特性的敘述，下列何者不正確？　(A)進貨成本低，佣金支出高　(B)以電話行銷為主，須設立營業據點　(C)透過體驗式行銷，讓使用者變成愛用者，愛用者再成為經營者　(D)受老鼠會事件影響，消費者對於多層次傳銷的模式仍有疑慮。　【102年】

(　　) **14** 在龜有派出所上班的刑警阿兩今天休假，他決定到知名商圈逛街購物，阿兩先到拉麵店吃午餐，接著到模型玩具店買鋼彈模型，再去鞋店買新的木屐後返家，結束美的一天休假。請問上述中，阿兩去過的拉麵店、模型玩具店、鞋店是屬於哪一種零售業態？(A)專賣店　(B)百貨公司　(C)量販店　(D)購物中心。

(　　) **15** 購物中心的組合條件通常不包括下列哪一項？　(A)主力商店(B)早餐店　(C)專門店　(D)服務設施、大型停車場或地下停車場。

(　　) **16** 消費者選擇在便利商店消費的考量，通常不包括下列哪一項？(A)時間便利　(B)位置便利　(C)要儘快使用產品　(D)可以慢慢比價。

(　　) **17** 台灣在超級市場與便利商店之間，開始出現迷你超市，請問迷你超市興起原因最可能是　(A)超級市場的沒落　(B)技術的創新(C)民眾消費力逐漸下降　(D)市場空隙的存在。

(　　) **18** 直效行銷傳遞商品訊息的媒介不包括下列哪一種？　(A)自動販賣機　(B)電話　(C)雜誌　(D)電視購物頻道。

(　　) **19** 下列有關量販店與購物中心的敘述，何者錯誤？　(A)通常皆提供大量的停車空間　(B)皆能滿足消費者一次購足的消費需求　(C)皆能提供購物、餐飲、會議、展示、休閒娛樂、教育文化等多元功能　(D)皆屬於零售業。

(　　) **20** 下列何者不是便利商店的特徵？　(A)幾乎為24小時營業，全年無休　(B)多位於人潮聚集的地點　(C)多採自助式銷售，商品以多量少樣為主　(D)提供便利性與服務性的商品。

( ) **21** 設有一家以上的主力商店，以專門店的方式經營，提供多樣化的商品組合，能同時滿足消費者購物、休閒娛樂需求的業態為 (A)百貨公司 (B)購物中心 (C)便利商店 (D)量販店。

( ) **22** 酷炫和林蛋約好要一起跨年，他們先到豆豆麵攤吃陽春麵，到統一超商買飲料，再到漢神百貨買情侶圍巾，晚上依偎在夢時代購物中心看跨年煙火秀，上述商業組織的名稱與「業種」或「業態」的配合，下列何者有誤？ (A)豆豆麵攤—業種 (B)統一超商—業態 (C)漢神百貨—業種 (D)夢時代購物中心—業態。

( ) **23** 一般而言，代理商與經銷商在「商品所有權」上，以下敘述何者正確？ (A)代理商及經銷商都擁有商品所有權 (B)代理商沒有商品所有權，經銷商擁有商品所有權 (C)代理商及經銷商都沒有商品所有權 (D)代理商擁有商品所有權，經銷商沒有商品所有權。

( ) **24** 下列何者不是量販店的主要顧客群？ (A)對價格敏感的個別消費者 (B)公司行號 (C)小型零售業者 (D)追求便利性與服務性的年輕消費族群。

( ) **25** 批發業的特性不包括下列何者？ (A)銷售價格較零售業便宜 (B)銷售對象較為固定 (C)銷售單位通常是整箱整批 (D)銷售門面較為注重裝潢及美觀。

( ) **26** 有關專賣店與百貨公司的比較，下列敘述何者錯誤？ (A)皆提供專業化服務 (B)百貨公司有經濟櫥窗之稱，專賣店則是最普遍的零售型態 (C)皆發行會員卡或聯名卡拓展與穩定客源 (D)銷售對象皆設定在全客層。

( ) **27** 下列何者屬於業態店？ (A)五金行 (B)魚舖 (C)量販店 (D)米行。

( ) **28** Cama、路易莎咖啡等咖啡專賣店成功在市場佔有一席之地後，市場上陸續快速出現很多家相似的專賣店，由此可知 (A)專賣店的定位不清晰 (B)專賣店經營模式的複製速度快 (C)專賣店的商品

價位太低 (D)專賣店的商店形象不具體。

( ) **29** 便利商店不具備下列哪一種優勢？ (A)大多採24小時營業且全年無休，有時間便利的優勢 (B)主要顧客群來自商圈內的消費者，有距離便利的優勢 (C)經營成本低，售價低，具有價格的優勢 (D)提供代收包裹、代收費用等服務，具有服務的優勢。

( ) **30** 下列有關專賣店、百貨公司與量販店的比較，何者不正確？ (A)百貨公司商品的售價較高 (B)量販店的商品具有高度的流行性 (C)專賣店能夠提供消費者關於商品的專業知識 (D)專賣店的產品線較深。

( ) **31** 「防颱三步驟：一、堆沙包、二、封門窗，然後去全聯……抱歉，應該是先去全聯」，上述為全聯福利中心在颱風來襲前所播放的廣告，請問該廣告主要是希望傳達全聯福利中心的哪一項特色？ (A)營業面積寬敞 (B)滿足消費者一次購足的需求 (C)採取自助式銷售 (D)商品價格多設定在中價位。

( ) **32** 關於業種店，下列敘述何者錯誤？ (A)業種店以出清商品為主，通常對商品的知識不足 (B)業種店扮演著單純銷售者的角色 (C)COSTCO量販店並不能歸類為業種店 (D)業種店大多販售單一種類的商品。

( ) **33** 有關生鮮處理中心與物流中心的敘述，下列何者最正確？ (A)生鮮處理中心可進行生鮮食品集貨、加工、分級、包裝等作業 (B)成立物流中心目的是為了有效連結製造商與消費者 (C)生鮮處理中心不具備運輸功能，必須與物流中心合作進行配送作業 (D)物流中心通常設立在人潮聚集處。

( ) **34** 從報紙和電視報導得知，一些初進入職場的新鮮人，因為誤入老鼠會而受騙，比較老鼠會和多層次傳銷的不同，下列敘述何者有誤？ (A)老鼠會的獲利來源是招募下線，收取入會費，轉取佣金 (B)老鼠會的退貨處理方式是無條件保證可以退貨 (C)多層次傳銷是透過一連串傳銷商來銷售商品 (D)多層次傳銷的獲利來源是銷售商品。

( ) **35** 關於業種店與業態店的敘述，下列何者錯誤？ (A)便利商店是以提供便利性商品為主要的業態店 (B)書店是以銷售書籍為主的業種店 (C)量販店是以滿足顧客一次購足需求為主的業態店 (D)超級市場是以提供生鮮食品為主的業種店。

( ) **36** 下列對業種店與業態店的敘述，何者正確？ (A)業種店以替顧客採購商品的角色自居 (B)業態店以替製造商販售商品的角色自居 (C)業態店較能滿足顧客多元化的消費需求 (D)業種店對顧客所提供的服務較為完善。

( ) **37** 下列有關物流中心的簡稱，何者錯誤？ (A)由製造商成立的物流中心，簡稱E.D.C. (B)由零售商成立的物流中心，簡稱R.D.C. (C)由批發商或代理商成立的物流中心，簡稱W.D.C. (D)由貨運公司成立的物流中心，簡稱T.D.C.。

( ) **38** 行銷大師科特勒將無店舖型態，分為哪三種？ (1)直效行銷 (2)量販批發 (3)自動販賣 (4)人員銷售 (5)行動裝置銷售 (A)(1)(3)(4) (B)(2)(3)(5) (C)(1)(3)(5) (D)(2)(4)(5)。

Chapter 05

連鎖企業及微型企業創業經營

一、傳統商店經營

(一) 傳統商店的定義：指由夫妻或家庭以傳統方式經營，缺乏現代化管理的小商店，例如傳統的雜貨店、文具店、五金行等。

(二) 傳統商店的特色

1. 與鄰居互動頻繁且以鄰居為主要客源。
2. 經營完全由店主人掌握。
3. 管理銷售費用的支出很小。

(三) 傳統商店沒落的原因

1. 顧客的消費習慣改變。
2. 交通的便利性可以到其他地方採購。
3. 新興業態的威脅。

(四) 造成傳統商店經營危機之因素

1. 缺乏經營管理之技術與知識。
2. 缺乏專業人才與現代化經營設施。
3. 無法享受來自規模經濟所帶來的效益。

(五) 傳統商店的因應方法

1. 銷售場所的改善，例如：乾淨明亮的店面，商品整齊的陳列。
2. 採購商品的改善，例如：提高商品的週轉率，銷售具有特色的商品。
3. 銷售服務的加強，例如：加強售後服務，採促銷活動吸引顧客。
4. 存貨管理的改進，例如：定期盤點存貨，降低庫存，防止商品受損。
5. 經營方式的改變，例如：改變經營的型態或加入連鎖體系。

二、連鎖經營與管理

(一) 連鎖經營的定義：連鎖經營是指在同一經營體制及政策下，各連鎖商店之店面裝潢、招牌、商品陳列、商品結構、賣場設計、服務方式、管理作業及促銷活動等，均由總部統一運作，遵循一定的標準程序。例如統一超商、麥當勞速食店等是連鎖經營的商店。

連鎖經營的優點：

1. 大量採購、品質一致化、成本較低，可產生經濟規模效果。
2. 具有風險分散的效果。
3. 統一運作，標準的作業程序，達到經營效率。
4. 增加商品的行銷通路，擴大銷售網及服務網。
5. 可獲得完整的經營技術（Know-how）。
6. 產生CIS，打響企業知名度，提升企業形象。CIS乃企業識別系統（Corporate Identity System），又稱企業形象系統，乃企業將其經營理念與精神文化，透過精心設計，運用其優質的服務及促銷活動，使消費者對其企業產生一致的認同感與價值觀，認定企業品牌為一種信譽及信賴感的表徵。
7. 提供完善的教育訓練：提升人員素質。
8. 透過各分店之蒐集，市場資訊更為確實而有效。
9. 可運用統一及大型之促銷活動，廣告成本低、效益大。
10. 可產生經營累積效果，增加商店獲利。

(二) 連鎖加盟的定義：凡兩家以上經營相同業務、招牌、形象均一致者為連鎖企業。連鎖企業總部與加盟店二者間存續契約關係。根據契約，總部必須提供一項獨特的商業特權，並加以人員的訓練、組織結構、經營管理，以及商品供銷的協助；而加盟店也需提供相對的付出。

1. 連鎖加盟的特色：

(1) 總部與加盟店之關係為契約關係，雙方法律地位平等。

(2) 在契約存續期間，雙方均享有契約之應有權利，也均各負義務。

2. 連鎖加盟組織的類型：

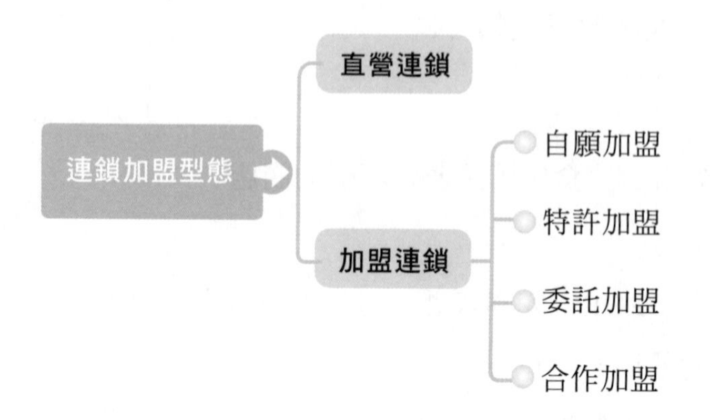

(1) 直營連鎖（Regular Chain, RC）：又稱所有權連鎖，係指分支店均為總部所有，總部與分支店之所有權相同，並由總部負責全部之人事、採購、經營管理及投資規劃之連鎖店。例如新光三越、家樂福、全國電子等。各分支店的盈虧也都歸由總部。

(2) 自願加盟連鎖（Voluntary Chain, VC）：由分散各地的零售商，為求享有降低進貨成本及提升競爭能力之連鎖體系優勢，又希望保有商店的獨立自主性，各商店結合起來的連鎖商店。

(3) 特許加盟連鎖（Franchise Chain 1, FC1）：又稱授權加盟連鎖，係指總部將一套完整的經營管理策略、產品與服務制度，授權給加盟店使用。加盟店與總部（即授權者）簽約，接受其經營技術、指導與訓練。加盟店須支付總部加盟金、保證金及按期繳納權利金。例如7-ELEVEN、麥當勞、必勝客等。加盟店的資本及所有權可保持獨立，但透過總部完備的支援，可大幅提高競爭能力。

(4) 委託加盟連鎖（Franchise Chain 2, FC2）：又稱委任加盟連鎖，總部提供店面委託加盟者經營，店面一切均由總部提供，加盟者僅繳付加盟金及權利金，所以在利潤分配上總部分配比例較FCI為高。

(5) 合作加盟連鎖（Cooperative Chain, CC）：係由性質相同的零售店、共同投資設立總部，負責統籌採購、廣告、促銷等活動而形成的一種連鎖關係，但加盟者的利潤分配，加盟者分配達百分之百。

(三) 加盟條件概述：

1. 連鎖加盟基本條件：

(1) 經營者的身分條件。

(2) 加盟金、保證金及初開店的準備金。

(3) 契約存續期間。

(4) 雙方的權利與義務規定。

(5) 利潤的分配。

2. 企業間結盟成功的關鍵因素：

(1) 結盟夥伴間需有互補資源。

(2) 結盟協議應合理明確且具相當的彈性。

(3) 結盟夥伴間應有適當的溝通管道。

另結盟夥伴間需有一致的組織文化，則企業間結盟較易成功，但一般說法認為「互補的組織文化」並「不」屬於企業間結盟較易成功的關鍵因素。

(四) 連鎖店的經營管理

連鎖體系一般遵循經營管理方式如下：

1. 遵守3S原則：所謂3S係指簡單化（Simplification）、專業化（Specialization）及標準化（Standardization），分述如下：

(1) 簡單化：包括作業程序及作業內容兩方面。所謂作業程序簡化，即去除不必要的作業流程或縮短作業時間。作業內容的簡化，是指編製作業手冊，所有作業方式都按照手冊所詳載的內容來運作，不論任何人均能在短時間內上線操作，以避免人員異動的困擾。

(2) 專業化：指工作上分工精細，趨向專業化。以總部及分支加盟而言，總部負責行銷策略、採購管理及資訊的蒐集分析，分支店負責商店的陳列販賣，賣場的管理，分工合作，各種工作均由專人負責。例如廣告POP由專業美工負責，倉管由專業資料人員負責。

(3) 標準化：不論總部的採購訂貨、分支店的進貨、商品陳列販售，均按固定的模式或程序來進行，對連鎖企業而言，建立標準化的作業程序可使企業獲得下列利益：

A. 可塑造連鎖企業的整體形象。

B. 可提升連鎖企業整體的營運效率。

2. 連鎖企業體系的經營管理制度：連鎖體系的經營管理制度均由總部統一制定，交由各連鎖店遵行。

(1) 營業管理：

A. 工作流程管理：對各連鎖店的銷貨、進貨、存貨、及市場調查等工作流程，總部都擬有標準化的程序與表單，交由各連鎖店執行。

B. 賣場管理：由總部提供賣場管理技術，連鎖店的賣場布置基本上都是一致的。包括賣場的亮度、空間的舒適性、商品的陳列、設備的購置、保養與維護、及商品鮮度檢查等作業管理。

C. 商品管理：總部根據各連鎖店的商品銷售情況及市調資訊，擬訂合適的商品組合，並配合商品預算、商品分類、定價政策、及商品檢驗等管理作業。

(2) 採購管理：連鎖體系的採購工作一般是由總部負責集中進貨以獲取品質一致及更好的折扣。採購管理包括：

A. 商品需求的決定：總部利用POS系統取得各連鎖店的商品銷售資料及庫存數量，可以決定各連鎖店需要進貨的商品種類與數量。

B. 自有品牌的決定：總部除了決定進貨的商品種類與數量外，尚須嚴控商品品質，以保證連鎖企業的形象，因此連鎖店最好銷售自有品牌商品特色，不僅可以增加顧客對該項商品的忠誠度，也可以提升連鎖店的形象。

C. 自製或外購的決定：連鎖企業事先決定販售何種商品及數量之後，經由總部依據下列事項審慎評估決定自製或外購：

a. 品牌商標的決定。

b. 自製成本與外購成本的比較。

c. 需求量的多寡。

d. 生產技術的優劣。

e. 商品品質的控制。

f. 商品供應的時效。

D. **採購條件的決定**：除了決定自製外，向外採購，通常依據採購合約或訂單，其採購條件包括：採購對象、商品種類（包括名稱、規格等）、單價及數量、進貨折扣、付款方式、交貨日期、運送方法及供應商配送作業程序等。

E. **進貨驗收入庫**：不論商品自製或外購，均必須嚴格品管，以保證品質及供貨無虞。尤其針對外購商品，對於供應商所送達的商品，應就其品質、規格及數量，依採購合約或訂單內的規範進行查驗，合格後，方可入庫。如不符規定，或品質有瑕疵，應依違規事項加以處理。

(3) **銷售管理**：銷售管理通常是由總部統一規劃，包括商品的種類、銷售價格的決定及促銷活動等，然後交由各連鎖店執行。銷售日報表是各連鎖店與總部每日聯繫不可缺少的文件，除了提供各連鎖店的銷售情況外，更可作為總部補充貨源的參考。現代商業銷售管理為求最短時間內掌握銷售情報，以POS系統作為輔助工具，並將商品依週轉快慢為標準，分為A、B、C三級，A級商品因屬暢銷商品，為避免臨時缺貨，經常注意其補償狀況，隨時進貨，以防不足。C級商品屬週轉慢的商品則不斷的汰換，以免陳舊過時。

(4) **存貨管理**：現代的連鎖店大多引進POS系統來管理各連鎖店的存貨狀況，其重點如下：

A. **運用條碼分類標示**：連鎖店總部通常使用分類號碼及商品條碼來控制商品種類與數量，確保大量訂價作業的正確與效率，便利存貨管理。

B. **商品運送的配合**：由於店面租金昂貴，連鎖店都儘可能縮小存貨空間，而將商品配送的次數增加，或利用物流中心以協助商品配送，增進存貨管理的效率，與採購管理環環相扣，使各連鎖店經常保有一定數量的存貨以避免缺貨情況的發生。

C. **正確資訊的掌控**：各連鎖店須按時提供銷售日報表隨時向總部反應銷售狀況，總部透過銷售資訊的蒐集、市場調查、員工及顧客意見資料加以分析，決定存貨數量。

(5) **財務管理**：

A. **營收管理**：總部應負責提供各種管理表單，劃一格式及作業方式，以利各連鎖店遵循填報營業報表及財務報告。

B. **現金管理**：連鎖店大多為現金交易，且交易次數頻繁，通常使用收銀機，以利現金管控及開立發票。

C. **經營績效分析**：總部及各連鎖店均應定期編製財務報表，正確表達經營結果及財務狀況，便利經營績效分析。

(6) **人力資源管理**：連鎖企業的人力資源關係經營成敗，必須有一套完善的管理機制，才能發揮新陳代謝，因材施用，發揮功效，包括規劃連鎖店的工作內容、制定組織架構、分析工作的性質與職責劃分、人員的甄選及教育訓練、薪資規定、福利制度、考核與獎懲等辦法，通常均由連鎖總部統一擬訂，以利管理。

(7) **資訊系統管理**：現代連鎖企業透過電腦系統的輔助分析連鎖店的營業額、銷售量等訊息，不但可以迅速將各連鎖店的資料，正確、即時地傳送至總部，作為銷售管理、存貨管理等決策的參考，而且可降低人力成本及提升經營效率。

3. **連鎖總部應提供之資訊**：依行政院公平交易委員會1999年6月通過加盟業主資訊揭露之規範，其中規定連鎖企業總部應於訂立加盟契約十日前，提供下列事項之書面資料給加盟店：

(1) 加盟業主之事業名稱、資本額、營業地址、營業項目、設立日期及開始加盟之日期。

(2) 加盟業主之負責人及主要業務經理人之姓名及從事相關事業經營資歷。

(3) 接受加盟時之加盟權利金、其項目名稱、金額、收取方式及返還條件。

(4) 加盟存續期間所收取之全部費用、其項目名稱、金額、收取方式及返還條件。

(5) 加盟業主授權加盟店使用之商標或服務標章，其權利內容、有效期限及加盟店使用之範圍及各項限制條件。

(6) 加盟業主對加盟店有關經營或營業內容之協助、指導事項。

(7) 加盟業主對加盟店與其他加盟店或自營店之間營業區域之經營方案。

(8) 加盟契約變更、中止及解除之條件及處理方式。

三、異業結盟與經營

(一) 定義：異業結盟（Alliances Among Different Layers）是指兩種或兩種以上不同的業種，基於共同的目標，以訂定契約的方式相互結合，使雙方資源充分發揮，產生最大的營業效果，簡言之，即不同行業的結合。

(二) 類型：

1. 生產製造型結盟：是以委託代工、共用專利、聯合採購、或共同出資設廠等方式生產製造商品所進行的結盟。結盟雙方相互提供自有的資源進行生產，以提高生產製造的效能。例如：統一企業與媽媽塔食品公司結盟，雙方共同製造御便當、御飯糰等鮮食商品。

2. 技術研究發展型結盟：用技術交換，或者共同開發新技術的結盟。例如：面板代工業者與手機晶片製造商共同開發4G的晶片。

3. 流通型結盟：銷售商為使商品能夠快速送達消費者手中，而與流通業結盟。例如：全家便利商店與台灣宅配通合作，以24小時全年無休方式宅配全台，使商品快速送達消費者手中。

4. 行銷及售後服務型結盟：用銷售通路的運用，一同進行商品企劃的促銷活動，或者針對共同的目標提供顧客服務進行的結盟。例如；連鎖企業通常與其他企業合作，採取互相散發廣告單或折價券，或推出聯合貴賓卡，持有者便可以在各結盟企業優惠價格消費，以增加各結盟者的銷售量。

5. **財務型結盟**：為取得財務支援而結盟集體貸款或共組基金等有利資金調度為主的結盟。例如：國內銀行團對臺灣高鐵在建造時的融資。

6. **人力資源型結盟**：是以建教合作、共同培訓或人才交流等方式所進行的結盟。例如：「巨星美髮」結盟與國內某些專科學校、職業學校建教合作，由校方提供學生至結盟店實習，由結盟店給付薪資做為學費之用，表現良好者在畢業後可繼續在結盟店正式服務，解決結盟店的人力問題。

7. **資訊型結盟**：是為了取得顧客相關資訊以降低蒐集顧客情報的成本而進行的結盟。例如：信用卡發卡提供客戶名單給郵購公司，或透過異業結盟進行客戶情報交流，可以減少蒐集的成本，增加客源。

(三) **異業結盟的優點**：

1. 提升企業知名度。
2. 在互補下提升業績。
3. 共享資源，降低成本及風險。
4. 增加競爭力。
5. 便利消費。

四、微型企業的經營

(一) **微型企業定義（Micro Enterprise）**：我國經濟部中小企業處指出：「『微型企業』主要是指小規模企業中，不分行業，員工數未滿五人者為微型企業」。

(二) **微型企業的特性**

1. 投資金額不大、經營規模小型化。
2. 一人或合夥經營。
3. 僱請員工少數。

4. 店鋪銷售方式，以零售業商品銷售為主，採單店方式經營。
5. 無店鋪銷售方式，大多以網路銷售為主。

(三) 微型企業的經營優勢

1. 創意發想，打造新商業模式。
2. 與顧客互動頻繁。
3. 用虛擬通路開發顧客。
4. 經營較彈性化。
5. 風險性較低
6. 可兼顧家庭。

(四) 微型企業的經營劣勢

1. 資金取得管道有限。
2. 賣場環境差。
3. 商品採購不良。
4. 未受顧客服務及販賣技巧訓練。
5. 存貨管理能力較弱。
6. 沒有強而有力的宣傳與促銷活動。

(五) 微型企業的發展現況：企業採取部分工時、約聘等方式取代正職工作，薪資制度結構產生變化，加上近年實質薪資成長率非常低，完全趕不上物價上漲率，日常生活未被滿足的需求也是導致創業的最大來源，政府擴張高等教育使得就學與就業無法銜接，創業風潮因而有年輕化的趨勢。

(六) 政府各項微型企業創業輔導與措施

青年創業及啟動全貸款	貸款對象為依法辦理公司、商業、有限合夥登記或立案未滿5年之事業，且負責人需年滿20歲至45歲，貸款額度開辦費用最高200萬元，週轉性支出最高400萬，資本性支出最高1,200萬。
微型創業鳳凰貸款	由勞動部辦理，協助微型創業並促進就業，針對20至65歲女性、45至65歲國民、20至65歲設籍於離島之居民提供最高200萬的創業貸款，所營業事業依法登記未超過5年，3年內曾參與政府創業研習課程至少18小時，所營業事業員工數（不含負責人）未滿五人，得向申請本貸款。

創業天使投資方案	由行政院國發基金匡列50億辦理，自通過施行日至114年12月31日均得受理申請。 投資對象：本方案投資設立登記在我國之新創事業或主要營業活動於我國之境外新創事業，以新設或增資擴展且未辦理公開發行或尚未進入資本市場為限。 投資額度：基金對同一事業投資金額以不超過2,000萬元為原則。

(七) 微型企業的籌設計畫

1 創業前的自我檢視

(1)釐清創業動機。
(2)我是否適合創業？

2 創業前的作業（前置期）

(1)選擇一個行業
(2)技藝學習
  A.實際參與學習
  B.參加職業訓練
  C.尋求相關單位諮詢與輔導
(3)選擇經營方式
  A.就業主型態可分為：
    ‧獨立商店‧連鎖加盟店
  B.就投資形態可分為：
    ‧獨資‧合夥
(4)擬定創業計畫書

3 店面構成

(1)商圈評估。
(2)商圈調查。
(3)立地點評估。
(4)簽訂店面租約。

4 商業登記

(1)在開店營業之前，可至各縣市建設局工商課申辦商業登記。
(2)取得營利事業登記才能符合法令規範，開立發票或刷卡業務。
(3)可以委請會計師或律師代辦，自行前往相關單位洽詢或申辦。

5 營業計畫

(1)商品計畫 (2)賣場計畫 (3)銷售計畫
(4)財務計畫：A.創業初期資金規劃
  B.營運期資金規劃
(5)服務計畫 (6)促銷計畫 (7)資訊計畫

考前實戰演練

(　　) **1** 國內某英語補習班加盟體系，廣招加盟主加入，條件是加盟主擁有店面所有權及決策權，盈虧都由加盟主自負，但是總部要提供整體企業識別系統及經營管理系統給加盟主，這種型態的加盟是屬於：　(A)特許加盟連鎖　(B)授權加盟連鎖　(C)自願加盟連鎖　(D)委託加盟連鎖。【109年】

(　　) **2** 某餐飲連鎖體系，要求：(1)所有分店的裝潢、員工制服都要相同；(2)建立一套清楚易懂的標準作業流程手冊讓各分店遵守；(3)要求每個職務跟職責都要清楚界定。該餐飲連鎖體系依序要求做到哪三個「3S」原則？　(A)簡單化、專業化、標準化　(B)專業化、簡單化、標準化　(C)標準化、簡單化、專業化　(D)簡單化、標準化、專業化。【109年】

(　　) **3** 高雄地區有婚紗連鎖公司、喜宴設計業者及旅遊業者互相結合，針對顧客結婚時段的各種需求，設計多種不同幸福內涵的服務供選擇，達到滿足顧客「一次購足」的便利性。這屬於下列何種異業結盟型態？　(A)人力資源型結盟　(B)財務型結盟　(C)生產製造型結盟　(D)行銷及售後服務型結盟。【109年】

(　　) **4** 下列關於連鎖企業的敘述何者錯誤？　(A)有共同的CIS　(B)因地制宜的管理制度　(C)商品服務標準化　(D)共同的經營理念。【108年】

(　　) **5** 百貨商場為了降低同質性，強化美食戰力，除了極力爭取國內外獨家品牌合作外，還打破營業時間的限制，擴大深夜食堂戰線。此舉吸引餐飲名店積極進駐。不同餐飲品牌也在不同樓層，推出符合該百貨定位的全新「客製化品牌」。請問百貨商場與餐飲品牌業者的合作是屬於何種異業結盟類型？　(A)行銷及售後服務結盟　(B)技術研究與發展結盟　(C)生產製造結盟　(D)財務資源結盟。【108年】

( ) **6** 便利商店是臺灣最常見的連鎖企業類型。下列關於便利商店連鎖企業的敘述，何者正確？ (A)管理制度因地制宜 (B)各店均各自差異化其商品與服務 (C)均採用自願加盟的方式 (D)總部負責提供技術輔導與行銷策略。 【107年】

( ) **7** 下列關於異業結盟的敘述，何者錯誤？ (A)異業結盟的雙方是透過企業訂定有時效性的契約作為合作基礎 (B)異業結盟是不同業種或業態之企業的合作行為 (C)雙方資源具有相似性以達到規模經濟效益 (D)異業結盟可以增加新競爭者的進入障礙。 【107年】

( ) **8** 伯凱是一家咖啡店的店長，將店舖經營的有聲有色，但店面所有權、決策管理權、利潤皆歸總部所有。後來總部與伯凱協商改變連鎖方式，在支付一定費用之下，店面所有權、決策管理權仍歸總部所有，但伯凱可依比例分得四成利潤。請問該店先後各屬於何種連鎖組織型態？
(A)直營連鎖與委託加盟 (B)委託加盟與特許加盟
(C)特許加盟與自願加盟 (D)直營連鎖與自願加盟。 【107年】

( ) **9** 王中年想要自行創業，但他既缺乏商業經營的知識，又想降低風險，並想擁有完整的決策管理自主權，則下列何種連鎖型態最符合他的需求？ (A)委託加盟 (B)特許加盟 (C)自願加盟 (D)直營連鎖。 【106年】

( ) **10** 「便利超商與宅配業者合作」最符合何種類型的結盟方式？ (A)通路型結盟 (B)資訊型結盟 (C)財務型結盟 (D)行銷及售後服務型結盟。 【106年】

( ) **11** 在連鎖經營組織類型中，管理權集中，體系內互動效率高，各分店提供一致化產品及服務，且易建立一致企業形象者，屬於下列哪一種類型？ (A)特許加盟連鎖 (B)委託加盟連鎖 (C)直營連鎖 (D)自願加盟連鎖。 【105年】

(　　) **12** 企業間可透過相互的合作，創造雙贏，提升競爭力。下列有關異業結盟特性的敘述，何者錯誤？　(A)結盟雙方是以訂定契約的方式來規範彼此的權利與義務　(B)結盟的雙方可以進行資源互補的有效利用　(C)結盟的雙方具有共同的合作目標　(D)結盟的雙方一定會共同出資成立子公司。【105年】

(　　) **13** 國內許多職業學校與產業間締結建教合作關係，此屬於哪一種異業結盟型態？　(A)生產製造結盟　(B)行銷結盟　(C)財務結盟　(D)人力資源結盟。【105年】

(　　) **14** 航空公司與各大飯店、租車業者合作設計相關產品，並推出各種行程供消費者選擇，請問是採取下列哪一種異業結盟的形式？(A)資訊結盟　(B)行銷及售後服務結盟　(C)財務結盟　(D)人力資源結盟。【104年】

(　　) **15** 某飲品加盟主聯合召開記者會，抗議自加盟總部所採購的飲品原料價格太高，但因合約限制，無法對外自行採購原料。依此推斷，該加盟體系最有可能屬於下列何種類型？　(A)委託加盟　(B)自願加盟　(C)合作加盟　(D)直營連鎖。【104年】

(　　) **16** 某信用卡發卡銀行推出憑卡於週一至週四期間到M飯店、N咖啡連鎖店以及L飯店喝下午茶，可享兩人同行一人免費的優待活動，請問這家銀行與飯店和咖啡店間是屬於何種合作關係？　(A)委託加盟　(B)行銷型結盟　(C)財務型結盟　(D)合作加盟。【103年】

(　　) **17** 下列何者不是連鎖炸雞速食店業者對比單點的炸雞排店所擁有的優勢？　(A)在地的差異化服務　(B)採購的規模經濟　(C)作業程序簡單化　(D)行銷的規模經濟。【103年】

(　　) **18** 連鎖烘焙業為了掌握原物料的品質與產品風味的一致性而設立中央廚房，此一作法最符合連鎖經營3S原則中的哪一項？　(A)簡單化(B)制度化　(C)標準化　(D)專業化。【102年】

( ) **19** 有關微型企業（Micro Enterprise）的描述，以下何者不正確？ (A)根據經濟部的定義，微型企業是指員工人數少於5人的小型企業 (B)微型企業平均規模小，風險也小，無須評估即可創業 (C)個人工作室是微型企業型態之一 (D)微型企業可以透過開設網路商店來爭取商機。 【102年】

( ) **20** 某個連鎖體系進行年終促銷活動，但有某幾個連鎖店選擇不加入該促銷活動，則該連鎖體系最可能為下列何種型態？ (A)直營 (B)自願加盟 (C)特許加盟 (D)委託加盟。 【102年】

( ) **21** 下列哪些連鎖體系之加盟者開業時須自費購入生財器具？ (1)自願加盟 (2)特許加盟 (3)委託加盟 (A)(1)(2)(3) (B)(1) (C)(2)(3) (D)(1)(2)。

( ) **22** 下列哪個連鎖體系之總部所承擔的經營風險最高？ (A)直營連鎖 (B)自願加盟 (C)特許加盟 (D)委託加盟。

( ) **23** 以網路購物和傳統實體通路的購物型態相比，網路購物的優點不包括下列哪一項？ (A)一天二十四小時都可以上網購物 (B)消費者擁有購物決策的高度自主權 (C)可省下開設店面的各項營運成本 (D)商品品質較好。

( ) **24** 有關微型創業準備階段的工作，下列何者錯誤？ (A)創業者只要專心準備創業資金，不必浪費時間研擬創業計畫書 (B)要慎選開店地點 (C)確認目標顧客群 (D)可嘗試向政府或銀行申請創業貸款。

( ) **25** 下列有關委託加盟與特許加盟的相異處，何者有誤？ (A)特許加盟的店面為加盟者所有 (B)特許加盟在盈餘分配上以總部分得的利潤較多 (C)委託加盟的店面為總部所有 (D)委託加盟的設備費用由總部負擔。

( ) **26** 為了取得客戶名單而進行的結盟，是屬 (A)人力資源型結盟 (B)資訊型結盟 (C)行銷及售後服務型結盟 (D)生產製造型結盟。

( ) **27** 綜觀台灣連鎖企業的發展，統一超商是在下列哪一階段開始發展？ (A)多元發展階段 (B)本土經營階段 (C)引進國際連鎖階段 (D)海外拓展階段。

( ) **28** 關於自願加盟的條件，下列敘述何者正確？ (A)加盟時不必繳交加盟金 (B)由總部負擔店面裝潢、租金等費用 (C)加盟地點由加盟者選擇、總部審核 (D)總部必須負擔連鎖店的人事費用。

( ) **29** 傳統商店在採購管理方面，主要是依照 (A)電腦分析 (B)市場調查 (C)顧客問卷 (D)業主的主觀意識判斷。

( ) **30** 關於連鎖加盟組織，下列敘述何者錯誤？ (A)自願加盟模式較不易建立連鎖加盟形象 (B)直營連鎖各店受統一制度管理 (C)特許加盟之加盟店能充分發揮營運效率 (D)委託加盟者接店後不需支付任何費用。

( ) **31** 同一系統的連鎖店其商品陳列安排基本上是一致的，這主要是由於連鎖企業的哪一項管理制度所致？ (A)賣場管理 (B)存貨管理 (C)財務管理 (D)人力資源管理。

( ) **32** 屈臣氏在各門市導入數位點貨系統，有效縮短員工盤點商品與整理貨架的時間。請問上述情形符合連鎖經營3S原則中的哪一項原則？ (A)簡單化 (B)標準化 (C)專業化 (D)客製化。

( ) **33** 不同業態的企業為了取得顧客資訊、降低蒐集顧客情報的成本而相互合作的結盟方式，是哪一種異業結盟類型？ (A)財務型結盟 (B)資訊型結盟 (C)技術研究發展型結盟 (D)行銷及售後服務型結盟。

( ) **34** 統一超商、全家便利商店等超商業者，皆有代收電信業者電話費的業務。此一業務屬於： (A)同業結盟 (B)異業結盟 (C)特許加盟 (D)連鎖加盟。

(　　) **35** 有關微型企業（micro enterprise）的描述，以下何者不正確？(A)根據經濟部的定義，微型企業是指員工人數少於5人的小型企業 (B)微型企業平均規模小，風險也小，無須評估即可創業 (C)個人工作室是微型企業型態之一 (D)微型企業可以透過開設網路商店來爭取商機。

(　　) **36** 雖然已經是三更半夜，但是滴妹仍然可以在網路上買到紅髮艾德的英國限量專輯。此情形無法顯示網路購物的哪一項特徵？ (A)高度的購物自主權 (B)全天候的服務 (C)打破地域障礙 (D)網路售價較實體店面售價低。

(　　) **37** 店員制服、店面招牌、商品陳列、商品售價皆一致，此為3S原則中之 (A)專業化 (B)簡單化 (C)標準化 (D)國際化。

(　　) **38** 網路商店完全不需要實際的店面來擺設商品，此顯示網路購物的哪一項特徵？ (A)全天候的服務 (B)打破地域障礙 (C)商品展示空間不受限制 (D)消費者有高度的購物自主權。

(　　) **39** 加油站長期推出「加油送面紙」的行銷活動，因此委由製造商代為製造面紙，以降低成本。這類「委外產製」應屬於哪一種類型的結盟？ (A)財務型結盟 (B)行銷及售後服務型結盟 (C)生產製造型結盟 (D)技術研究發展型結盟。

Chapter 06

行銷管理

一、行銷管理的認識

(一) 行銷與行銷管理的意義

1. 行銷的意義：行銷學者柯特樂（P. Kotler）認為：行銷是一種社會過程，透過個人或團體創造與交易彼此所需之產品或價值，以滿足人們需求與慾望的活動。

2. 行銷管理的意義：行銷管理是指企業為了滿足消費者的需求、分析目標市場的特性、外在環境因素、及企業本身的條件，規劃一套有系統的行銷活動計畫，以便有效地滿足顧客的需要及達成企業目標的管理活動。

(二) 行銷管理概念的演進

生產導向 ➡ 產品導向 ➡ 銷售導向 ➡ 行銷導向 ➡ 社會行銷導向

1	生產導向	企業之生產處於供不應求的情況，屬於賣方市場（Seller's Market）如何利用大量生產的技術設備，提高生產效率，增加產量、降低成本。
2	產品導向	企業主觀認為只要產品品質好價格合理，沒有任何促銷活動，也可銷售出去，導致企業產生「行銷近視症」（又稱「行銷短視症」）。
3	銷售導向	企業致力於產品的推銷與促銷，把產品銷售出去獲取利潤。
4	行銷導向	企業在真正了解消費者的需要與慾望（Needs &Wants）後來設計產品，再配合各種有效的行銷策略來銷售產品，滿足消費者的需要。故行銷導向又稱顧客導向。

5	社會行銷導向	企業經營者不僅要重視消費者的需求、權益與企業的利潤，而且要兼顧社會的福利。

二、目標行銷

(一) 目標行銷

目標行銷又稱為STP行銷，主要分為三大步驟：市場區隔（Segmentation）、目標市場選擇（Targeting）、市場定位（Positioning），以下分別說明之：

市場區隔
依某些變數將市場區隔成幾個較小且具有相似需求的子市場，各需要不同的產品與行銷組合，這些子市場即稱為「市場區隔」。

步驟2

市場目標
即選定一個或多個區隔市場為目標。

市場定位
決定產品之定位與行銷組合策略。所謂產品定位是「產品在目標顧客群體心目中的有利形象（或稱為產品的消費者知覺）」，產品定位為市場競爭的工具。

(二) 市場區隔的意義：市場區隔觀念承認市場具有異質性，並企圖發掘某種相關變數，將一個錯綜複雜的市場，區隔為許多小的市場，使各小區隔市場表現出較同質的特性，消費者對同樣的行銷活動會有類似的反應，俾作為企業擬訂行銷手段的基礎，根據不同次級市場的需求，制定行銷策略，以增進行銷的效果與效率。

(三) 市場區隔變數

1	地理變數	利用地理或自然環境之差異，作為市場區隔之標準。例如地區、行政區、都市化程度、氣候等。
2	人口變數	依年齡、性別、職業、教育程度、所得、宗教等人口特質，作為市場區隔的標準。
3	心理變數	依個性、人格類型、興趣、生活型態、價值觀、社會階層等之不同，作為市場區間的標準。
4	購買行為變數	依購買時機、購買目的、使用頻率、追尋利益、品牌忠誠度、對產品忠誠度等行為特質，作為市場區隔之標準。

(四) 市場區隔的評斷準則：不同次級市場的消費者對於同一次級行銷方式的反應，應有顯著的不同；而同一次級市場內的消費者對於同一行銷方式，應有類似的反應。

(五) 有效市場區隔的條件：有效市場區隔方法將市場區隔之後，各區隔市場必須具備下列四個條件：

可衡量性	係指經區隔後，各區隔市場的大小及其購買力是可以加以衡量的。
可接近性	係指經區隔化後的各次級市場，可分別由不同之通路或媒體，以供應適合之產品或行銷信息，去接近所選定的目標市場。
足量性	係指經區隔後的次級市場，其大小必須存在有足夠的需求量，讓企業有利可圖，值得去開發。

可行動性	係指經過區隔後，如果發現有值得開發的某些次級市場，就必須評估現有的資源（如人力、設備、技術能力、產品等）是否足夠，可用有效的行銷組合或行銷策略來行動。

(六) 目標市場的選擇

1. **目標市場的意義**：市場區隔之後，可將一個異質性的大市場區隔成許多比較同質性的小市場，企業可從這些較具同質性的市場中找出較具吸引力且能有效服務的次級市場。

2. **目標市場選擇策略的考慮因素**：

   (1) **目標市場必須具有足夠的規模與成長性**：目標市場，其規模及未來的成長空間必須夠大，企業才可能有利可圖，才能配合行銷環境的未來發展。

   (2) **企業本身的資源**：在選擇目標市場時，企業必須考慮本身所能運用的資源，如果企業資源有限，可採用集中行銷的策略，只以一個較小的區隔市場為目標市場，獲勝的機會較大，風險亦較小。

   (3) **市場競爭態勢**：企業必須設法經由目標市場的選擇來避免或減少競爭，如果競爭無法避免，則應有對抗競爭的準備。

3. **目標市場的選擇策略**：主要有三種，分別說明如下：

無差異行銷策略	指企業提供相同的產品、採用相同的行銷方式，試圖吸引所有的客戶，行銷目標市場內各個次級市場。
差異行銷策略	指企業設計數種行銷策略、針對不同市場區隔，提供不同產品。
集中行銷策略	指企業只選定一個或少數幾個區隔市場作為目標市場，發展理想的產品，全力以赴，企求目標之實現之行銷策略。又稱重點式、密集性或專業性行銷策略。

(七) 市場定位：所謂市場定位是指企業利用某些方式，使其產品在消費者心目中占有一個獨特且具有價值的位置。市場定位包括目標市場定位與擬定行銷組合兩項。

三、行銷組合

(一) 意義：行銷組合（marketing mix）又稱行銷策略，美國學者麥卡錫（E. Jerome McCarthy）提出4P策略，即產品（Product）、價格（Price）、通路（Place）與行銷（Promotion）四種決策。

(二) 產品策略

1. 產品的定義：在行銷觀念中「產品」除了指有形的物品與無形的勞務，同時也包含一些人們可以感受到其交易的價值。

2. 產品的三個層次：美國學者柯特樂（P.Kotler）認為產品有三個層次：

核心產品	消費者購買產品使用所得到實質的利益或效用的滿足，是整個產品的中心，是最基本的層次。
有形產品	產品規劃人員把核心產品轉化為有形產品，如化妝品、服飾、音響等，其特徵為款式（或樣式）、品質、功能、品牌與包裝。
引伸產品	額外的服務或附加利益給顧客，如售後服務、免費安裝，一年內免費維修等。

3. 產品的分類：

依使用者身份不同分：

(1) 消費品：指購買之後，不必再經過加工，即可賣給最終消費者的產品。消費品包括便利品、選購品、特殊品及冷門品。

便利品	購買者購買次數頻繁，不會刻意比較，能立即作成購買決策的物品。如肥皂、報紙。
選購品	消費者在選購過程中，會刻意地比較適用性、價格、品質和樣式者。會花很多時間與精神在蒐集資訊並進行比較。如家具、服飾。
特殊品	產品與服務具有獨特性或高度的品牌知名度，消費者通常願意付出更多的努力或代價而取得者。如藍寶堅尼跑車。
冷門品	指消費者不知道，或即使知道也不會考慮購買的產品。如人壽保險、捐血運動。

(2) 工業品：指用於生產活動的產品，如原料、物料零件與設備。

4. 產品策略的範圍：

(1) 產品線策略：

長度策略	A.產品線的長度，應依企業的目標而定。 B.產品線的長度亦隨產品生命週期而異。
延伸策略	產品延伸策略是指企業欲擴展原有產品的範圍。延伸方式有三種： A.向下延伸：企業先在市場上推出高價位產品，而後再提出中、低價位產品。 B.向上延伸：企業原推出低價位產品，而後再推出中、高價位產品。 C.雙向延伸：企業最初推出中價位商品，後來同時採取向上與向下的延伸策略。
特色策略	企業必須決定那些產品項目最能表現產品線的持色。
更新策略	由於市場環境變化，或消費者偏好改變等因素，產品必須適時調整更新。

(2) 產品組合策略：產品組合（Product Mix），又稱「產品搭配」，是指企業供應銷售之產品線與產品項目之總稱。

產品組合的寬度 (width)	意指該公司有多少種不同的產品類型，如表1有5種產品類型。
產品組合的長度 (length)	依柯特勒的講法，此指其產品組合中品項的總數，在表1內有30項。
產品組合的深度 (depth)	意指在產品類型中每條產品線提供多少「變體」（即樣式或種類）。
產品組合的一致性 (consistency)	意指各種產品線在最終用途、生產條件、配銷通路或其他方面的相關程度。

表1 義美公司產品組合的寬度與產品類型深度

產品組合的寬度

冰品類	飲品類	冷凍調理食品類	糖品甜點類	麵包糕點類
冰淇淋	豆奶	水餃系列	單片餅乾	麵包土司
冰淇淋點心	果汁	丸子系列	夾心餅乾	現烤麵包
冰棒	乳品	中式菜餚、點心系列	餡餅	蛋糕
冰沙		火鍋料理系列	素食餅乾	糕點
		湯圓系列	餅乾巧克力	
		包子饅頭系列	巧克力糖	
		禮盒系列	糖果	
		義美e家小館	零嘴	
			常溫甜點	
			冷藏甜點	

(3) 產品生命週期策略：產品從開發打入市場，一直到產品無利可圖退出市場的整個過程，稱之為產品生命週期（Product Life Cycle，簡稱PLC）。可分為四個階段：

1導入期	產品剛上市，又稱上市期，銷售量少、成長緩慢、需要大量的廣告與銷售費用、利潤甚微，或是虧損，它的推廣策略是：引發顧客對產品的知覺，大量促銷。
2成長期	產品已被消費者接受，銷售量開始增加，使企業開始獲利，但也會導致新的競爭者加入，它的推廣策略是：強調品牌差異，搶占新增客群。
3成熟期	銷售雖有增加，但成長緩慢，利潤亦不再成長，產品步入為期最久的成熟期，它的推廣策略是：大量強調品牌差異，鼓勵競爭者的顧客轉換品牌或維持自己的市場占有率。
4衰退期	此時期銷售量及利潤均大幅下降，它的推廣策略是：將整個推廣活動降至最低水準，只維持單純的告知。

(4) **個別產品策略：**

品牌策略

定義	品牌（Brand）是一個名稱、標誌、符號、設計或上述的組合。
功用	(A)對消費者：品牌可幫助辨識產品以方便購買，亦可用來滿足消費者的名牌心理。 (B)對企業：品牌申請註冊可保障法律權益，運用於市場區隔策略，可吸引顧客忠誠度，有利於進行廣告或其他促銷活動。
歸屬策略	有數種選擇供企業決定： (A) 製造商品牌：指以自己製造商的品牌來銷售產品，又稱全國性品牌。 (B) 中間商品牌：指製造商將產品售給中間商，由中間商冠上自己的品牌來銷售，亦稱私人品牌（Private Brand）或自有品牌。

歸屬策略	(C) 授權品牌：指企業租用一個消費者已熟悉的品牌名稱（當然經過品牌註冊者授權使用）來銷售產品。 (D) 混合品牌：即一部分用製造商品牌，一部分用中間商品牌。 (E) 無品牌：即完全不用品牌的商品，這類商品的最大好處是可省去廣告費用。

包裝策略

定義	指設計、生產產品的容器及包裝的活動。
包裝的三個層次	(A)基本包裝：指產品的容器。 (B)次級包裝：是指保護產品的包裝，啟用產品時即可丟棄。 (C)裝運包裝：是為了儲存，裝運或辨識產品用途所做的包裝。

(三) 價格策略

1. 行銷定價的目標：

(1) 求生存。　(2) 求本期利潤最大。

(3) 領先市場佔有率。

2. 一般定價策略：

(1) 成本導向：

A. 成本加成定價法：依據所估計產品的單位成本，加上一定百分比毛利，作為產品價格，例如產品成本100元，毛利為成本的40%，則售價＝100×（1＋40%）＝140元。

B. 損益兩平定價法：損益兩平（或稱損益平衡）點銷售量是指產品在某個售價時，總收益與總成本相等時所對應的銷售量。

若銷售量低於損益兩平點銷售量，則企業將發生虧損；反之，若銷售量高於損益兩平點銷售量。則企業將產生利潤。

$$損益兩平銷售量=\frac{固定成本}{單位售價-單位變動成本}$$

$$=\frac{固定成本}{單位邊際貢獻}$$

C. **投資報酬率定價法**：企業先訂定產品的預期報酬率，再計算出應有的單位售價，此法係將預期獲得的投資報酬率視為成本的一部分來計算其價格。

$$售價=單位成本+\frac{預期報酬率(\%)\times投資金額}{預期銷售量}$$

D. **目標利潤定價法**：企業為求取一定額的目標利潤，利用上述損益兩平的公式來定價

$$目標利潤之銷售量=\frac{固定成本+目標利潤}{售價-單位變動成本}$$

E. **平均成本定價法**：企業先求出各種數量下的平均成本曲線，在平均成本中，將利潤視為固定成本或單位變動成本的一部分，再依預計的銷售量，在平均成本曲線上求出該銷售量上的價格。

F. **邊際成本定價法**：邊際成本乃指額外生產一單位產品所增加的成本，而邊際收入乃指額外銷售一單位產品所增加的收入，在此觀念下，只要增產銷售的單價大於單位邊際成本就值得生產。

(2) **需求導向**：

A. **消費者認知定價法**：企業根據消費者對產品的認知價值作需求定價的參考。

B. **差別定價法**：針對消費者身份、地點、時間或產品樣式等之不同，而訂定不同的價格。

C. **心理定價法**：利用消費者的心理，來訂定產品的價格，以刺激不同心理層面的消費者購買。

D. **奇數定價法（或畸零定價法）**：例如：299之定價的商品感覺上就比定價300元的商品便宜。

(3) 競爭導向：

A. 追隨領袖定價法：根據市場上的同業領袖的價格來定價。

B. 現行價格定價法：係指依據現有市場競爭者的價格標準，訂定相同或相近的價格。

C. 競標定價法：係依據臆測競爭對手可能的定價為考量，來訂定產品價格的方法。

3. 新產品定價策略：

(1) 高價策略：許多企業在推出具有專利權的產品時，盡量提高售價以榨取市場利潤，等其他競爭者加入市場或過一段時間後，再漸漸調低價格，稱為吸脂定價。

(2) 低價策略：新產品剛上市時，採低價方式，以利迅速滲透市場，建立「薄利多銷」的長期目標，稱為滲透定價。

(四) 促銷策略

1. 促銷的意義及促銷組合：促銷是指企業採用各種方式，說服或誘導消費者購買企業銷售的產品或勞務，或使社會大眾對企業產生好感，人員推銷、廣告、銷售推廣及公共關係，合稱「促銷組合」。

2. 促銷組合：

(1) 人員推銷：由推銷人員以面對面的方式與顧客作直接的接觸。

(2) 廣告：廣告是一種付費的方式，透過各種媒體將企業的產品與服務的訊息，傳達給消費者的行為。

(3) 銷售推廣：是指人員推銷與廣告以外的推廣活動。是屬短期的激勵措施。

(4) 公共關係：分狹義和廣義兩種解釋，狹義的解釋為宣傳報導、公共報導，是指在不付費的情況下，利用大眾媒體將企業或產品的訊息，以新聞報導的方式，對外進行宣傳，而廣義的解釋還包括提升企業形象、推廣產品相關的公共行銷活動。

(5) **銷售促進活動（Sale Promotion，SP）**：是一種短期內的激勵措施，以加速促成商品及服務的購買，具有下列特性：

A. 促銷是提供銷售對象平時所沒有的「額外利益」。

B. 促銷活動是「短暫」的活動。

C. 促銷是針對「特定目標對象」的活動。

D. 促銷是促使銷售對象能「採取行動」。

E. 促銷是「行動導向」的活動。

(6) **事件行銷（Event Marketing）**：企業為達提高形象或銷售產品的目的，乃透過事件的企劃讓消費者參與，並經由媒體的報導，使其成為大眾關心的話題。事件行銷具備的特性如下：

A. 必須掌握社會脈動與時機點，並創造有吸引力的話題，引起消費者的口碑流傳。

B. 要創造新聞焦點，吸引媒體報導，甚至炒作該話題。

C. 避免消費者或媒體產生不良的負面形象。

D. 可強化廣告效果，並增加商業或產品品牌的知名度。

(7) **促銷策略的種類**：企業運用不同的推銷組合，形成兩種不同策略。

A. 拉式策略：企業對於消費者實施充分的廣告宣傳以刺激消費者的需求，使顧客自動到店中指名購買各式品牌的產品。

B. 推式策略：將重點配置於人力銷售上，即廠商交貨經由推銷員之手，在經過批發商、零售商以至消費者手中。

(五) 通路策略

1. **行銷通路的意義**：行銷通路又稱配銷通路，即產品由生產者流向消費者過程中，所經過中間機構的通稱。

2. **行銷通路的結構**：行銷通路的結構是由中間機構的層數來區分。通常有下列幾種型態：

零階通路	生產者的產品不透過中間機構，而直接販賣給消費者。又稱直接行銷通路。

一階通路	生產者的產品僅透過一個中間機構，轉售給消費者。
二階通路	生產者的產品透過二個中間機構，再轉售給消費者。
三階通路	生產者的產品透過三個中間機構，轉售予消費者。這三個中間機構，分別為「批發商」、「中盤商」及「零售商」。

3. **行銷通路密集度策略**：行銷通路密集度係指各通路階層的中間機構（中間商）的數目。

獨家性配銷	指製造商在特定區域內只選定一家中間商，獨家銷售其產品。
選擇性配銷	指製造商選擇一個以上條件合適的中間商銷售產品。
密集性配銷	指製造商採取「全面鋪貨」的方式，深入市場每個角落。

4. **通路的功能**：

(1) 搜集有關資訊，以供策畫及促成交易。

(2) 傳播有關產品之說服性資訊。

(3) 尋找潛在購買者並與之接觸。

(4) 使提供之產品能配合顧客的需求，含製造、分級、裝配、包裝等活動。

(5) 在價格及其他條件上作最後協定，以推動產品所有權的轉移。

(6) 產品的儲存和運送。

(7) 承擔配銷產品所帶來之風險。

(8) 資金的取得及週轉，以供產品配銷工作的各項成本。

5. 通路的策略：

以下列各因素來選擇通路的長短：

考慮的因素	選擇長通路	選擇短通路
產品易毀性	不易毀壞	容易毀壞
產品變化性	低	高
產品價格	價格低	價格高
特殊服務的需要	無需特殊服務	需特殊服務
重量和體積	輕而小	重且大
標準化的程度	標準化產品	特殊規格產品
產品特性	一般品	特殊品
顧客購買習慣	必需品	非必需品
平均購買數額	小	大
顧客的區域分布	市場分散	市場集中
顧客的多寡	多	少
銷售是否有季節性	具有季節性	無季節性
消費者購買次數	高	低
利用中間商的便利性	容易	困難
利用中間商的成本	低	高

考慮的因素	選擇長通路	選擇短通路
中間商提供的服務水準	高	低
公司財務狀況	財力弱	財力強
公司對通路管理能力	管理能力低	管理能力強
公司對控制的取向	低	高

(六) 網路行銷

1. 定義：企業將產品或服務的訊息，透過網際網路（Internet）與消費者溝通，以達到行銷的目的。

2. 特色：

(1) 屬於無店鋪行銷型態。

(2) 成本低廉。

(3) 不受時空限制。

(4) 具有多對多的溝通特性。

(5) 以亮麗繽紛的網頁，吸引消費者。

3. 網路行銷的方式：

(1) 全球資訊網（WWW）行銷：由企業在全球資訊網上，申請一個網址，將企業的產品廣告或訊息提供於網站上，消費者可藉由網上知曉，讓有意參觀或購買的消費者能達到交易的目的。

(2) 電子郵件（E-mail）行銷：由企業在網際網路上，申請一個電子郵件信箱然後利用此信箱主動傳送產品訊息給消費者。

(3) 網路電話且傳真行銷：利用較國際、長途電話或傳真費用為低之網際網路傳輸，可達到行銷的目的。

考前實戰演練

( ) **1** A牌手機公司其產品單價高且具特殊性，公司透過一家或極少數的中間商來銷售其產品，這是何種行銷通路的密度策略？ (A)獨家配銷 (B)密集式配銷 (C)選擇性配銷 (D)大眾配銷。 【109年】

( ) **2** 假設市場研究機構的報告提到：智慧型手機在某一個國家近年來的市場銷售成長率是5%，低於過去十年平均值10%，而且預估未來還會慢慢趨緩。按照該報告所示，我們可以推測該國家的智慧型手機近年來是屬於哪一個產品生命週期？ (A)成長期 (B)成熟期 (C)衰退期 (D)下市期。 【109年】

( ) **3** 業者利用消費者高價位可以彰顯產品的高品質，或提高使用者身分地位的心理，訂定名牌包、香水、手錶等奢侈品銷售價格，所採用的訂價方法為： (A)差別訂價法 (B)炫耀訂價法 (C)畸零訂價法 (D)市場滲透訂價法。 【109年】

( ) **4** 某市有兩家義大利麵餐廳，A店位於高級辦公商圈附近，裝潢高雅，可見到衣冠楚楚的男女上班族在裏面聚餐、開會；B店位於大學附近，經常吃飯時間學生滿座川流不息。關於這兩家商店的市場區隔敘述何者錯誤？ (A)在以職業的人口統計變數區隔上存在差異 (B)在以性別的人口統計變數區隔上存在差異 (C)在以消費金額的行為變數區隔上存在差異 (D)在以使用時機的行為變數區隔上存在差異。 【108年】

( ) **5** 下列有關行銷管理的敘述何者正確？ (A)某雞精品牌透過電視購物頻道強力密集促銷，此屬於密集性配銷 (B)某醫療器材經銷商透過藥妝店銷售體溫計，此屬於一階通路 (C)某冷氣製造商透過連鎖3C賣場為中間通路以銷售自有品牌，此屬於中間商品牌 (D)某電器製造商透過一般電器行銷售其商品，若銷售績效佳就給予銷售獎金，此屬於推式策略。 【108年】

(　　) **6** 邱生響應故鄉農業局推動的「新農民輔導計畫」而返鄉創業，邀約同學好友共7人，募資500萬元，其中邱生為主要經營者，出資200萬元，負有連帶無限清償責任，其餘依出資額負擔清償責任。公司在故鄉種植咖啡樹，並設立咖啡專門店，創建「逗豆咖啡」品牌，提供自行手工烘培的各種口味濾掛咖啡以及相關產品，如逗豆咖啡餅與逗豆咖啡糖等，並於自家專賣店及自家網站上銷售。該咖啡專賣店將自行手工烘培的各種口味濾掛咖啡以及相關產品均掛上「逗豆咖啡」品牌，此為何種品牌命名決策？ (A)個別品牌 (B)單一家族品牌 (C)自有中間品牌 (D)混合品牌。【108年】

(　　) **7** 越南擁有9200萬人口，鄉村農業人口佔70%。由於基礎設施的欠缺，使得摩托車成為越南人的首選必需品。臺灣KD輪胎公司進入越南投資、設立子公司「越南KD」之後，發現越南主流摩托車輪胎尺寸與使用習慣，均與臺灣有極大的差異，特別是鄉村居民習慣將摩托車當作載重貨車使用。「越南KD」因而考慮推出舒適性較差但具有高負重能力的輪胎。關於「越南KD」在越南的行銷策略敘述，何者正確？ (A)若仍然大量生產銷售與臺灣市場相同的主流輪胎產品，是針對越南在地的「分眾行銷」 (B)若只行銷針對鄉村居民載重的習慣推出單一載重輪胎，是屬於「差異行銷」 (C)若針對越南當地的城市及鄉村客群推出之輪胎產品，是屬於「客製化行銷」 (D)若只針對有載重需求的鄉村次級市場推出符合需求的輪胎產品，是屬於「集中行銷」。【107年】

(　　) **8** 某香水品牌推出針對女性的玫瑰香水，強調「自信與獨立」；後來又推出針對男性的麝香古龍水，強調「成熟與穩重」。請問此種行銷策略是基於下列何種市場區隔變數？ (A)人口統計變數與行為變數 (B)人口統計變數與心理變數 (C)參考群體變數與心理變數 (D)心理變數與行為變數。【107年】

(　　) **9** 某知名烘焙企業欲投資60萬於「巧克力夾心金牌吐司」的新產品線，生產每份吐司的單位成本為20元，該公司預期該項目投資報酬率為50%，預估可以銷售2萬個吐司，若該烘焙企業採用目標報酬訂價法，請問新產品應訂價多少？ (A)25元 (B)30元 (C)35元 (D)40元。【107年】

考前實戰演練

(　　) **10** 某慢跑裝備專賣店，提供各種慢跑裝備，舉凡壓力衣、壓力褲、壓力背心等產品皆有，下列敘述何者不正確？ (A)產品線窄而深，商品的選擇樣式少 (B)商店外觀與陳列設計較能凸顯專賣商品特色 (C)較能提供消費者專業化的諮詢服務 (D)為穩定客源，專賣店常推出會員制。 【106年】

(　　) **11** 消費者購買相機的目的是為了拍照以便留下記憶。因此，可滿足拍照功能的相機，屬於產品層次中的何種產品？ (A)核心產品 (B)有形產品 (C)期望產品 (D)附加產品。 【106年】

(　　) **12** 「產品售價較高而銷量低，企業卻仍必須投入研發及教育消費者的費用」，這是屬於產品生命週期的哪個時期？ (A)導入期 (B)成長期 (C)成熟期 (D)衰退期。 【106年】

(　　) **13** 許多銀髮族因為行動不便而仰賴行動輔具，阿杰看到因此衍生出來的市場商機，打算投入科技行動輔具的事業，這最符合哪一種選擇目標市場的策略？ (A)無差異化行銷 (B)集中化行銷 (C)差異化行銷 (D)置入性行銷。 【106年】

(　　) **14** 某網路市調公司所進行的沐浴乳調查發現，男性選購沐浴乳時注重「洗淨力佳」，女性則較重視「香味好聞」與「讓肌膚保濕」等產品功效。根據上述調查結果，廠商進行市場區隔時，怎麼做最恰當？ (A)以心理變數與行為變數為區隔變數 (B)以人口統計變數與心理變數為區隔變數 (C)以人口統計變數與地理變數為區隔變數 (D)以人口統計變數與行為變數為區隔變數。 【105年】

(　　) **15** 某運動知名廠商推出冠上該公司品牌的各種產品，包括鞋子、服飾、各式腰包及背包等，請問其採用何種品牌歸屬決策與命名決策？ (A)製造商品牌與單一家族品牌決策 (B)授權品牌與個別品牌決策 (C)製造商品牌與產品線家族品牌決策 (D)授權品牌與混合品牌決策。 【105年】

(　　) **16** 嘉林公司推出一款新功能的掃地機，預計銷售1,600台，其中固定成本為5,200,000元，單位變動成本為2,000元，則每台掃地機售價應為多少才能達到損益平衡？　(A)5,250元　(B)4,200元　(C)3,250元　(D)2,600元。　【104年】

(　　) **17** 下列有關行銷規劃的步驟，其正確的順序為何？　(A)擬定行銷組合→分析行銷環境→區隔市場→選擇目標市場→市場定位　(B)市場定位→分析行銷環境→區隔市場→選擇目標市場→擬定行銷組合　(C)分析行銷環境→區隔市場→選擇目標市場→市場定位→擬定行銷組合　(D)分析行銷環境→擬定行銷組合→區隔市場→選擇目標市場→市場定位。　【104年】

(　　) **18** 下列有關行銷策略的敘述，何者正確？　(A)選購品這類產品通常價格較低、購買頻率也較低，消費者不會花太多時間去比較　(B)某公司只專門生產各式口味的巧克力，總共多達25種，代表該公司的產品組合廣度很廣　(C)某量販店將某些產品委外製造後再冠上量販店品牌，稱為私有品牌　(D)某公司剛推出大尺寸LED電視時定價5萬元，再逐季降低售價到2萬元，以將產品滲透到中低所得家庭，此種定價模式稱為滲透定價法。　【104年】

(　　) **19** 目前市場上有個人電腦（PC）的銷售量下降，替代性的手持式行動裝置(如平板電腦、手機等)銷售量大增的現象，則下列敘述何者正確？　(A)手持式行動裝置進入成長期　(B)個人電腦（PC）進入成長期　(C)手持式行動裝置進入成熟期　(D)個人電腦（PC）進入導入期。　【103年】

(　　) **20** 飛揚公司是生產青少年服飾的成衣廠，該公司從產品的設計即以顧客需求的滿足為出發點，以利產品商品化後容易將東西銷售出去，請問這屬於哪一種行銷管理觀念？　(A)產品導向　(B)生產導向　(C)銷售導向　(D)行銷導向。　【103年】

(　　) **21** 有關有效的市場區隔準則的敘述，下列何者正確？　(A)以左撇子的消費者為目標市場開發專屬的左手工具，符合可衡量性的準則

(B)以腳部會水腫的消費者為目標市場開發專屬拖鞋，符合足量性的準則　(C)在動物園賣動物公仔給動物愛好者，符合可接近性的準則　(D)夜市某一小吃攤針對不同族推出粵菜、川菜、浙菜及閩菜等不同菜餚，符合可行動性準則。【103年】

(　　) **22** 2013年世界棒球經典賽首輪在台中的洲際棒球場比賽，票價依座位分區而有不同（如內野票、外野票等），請問其票價採取的訂價方法為何？　(A)認知價值訂價法　(B)心理訂價法　(C)競標訂價法　(D)差別訂價法。【102年】

(　　) **23** 美國蘋果公司針對「果粉（蘋果迷）」陸續推出i Pod、iPhone、iPad等新產品，屢創營業佳績。這種鎖定顧客品牌忠誠度的市場區隔方式是運用哪一種區隔變數？　(A)地理變數　(B)人口統計變數　(C)心理變數　(D)行為變數。【102年】

(　　) **24** 太平洋自行車公司開發可攜式折疊車上市販賣，並提倡BMW的移動觀念（B：可攜式折疊車；M：捷運；W：步行），認為可以節能減碳做環保、也可以健身，避免過多車輛讓城市過度擁塞。這樣的觀念稱為：　(A)產品觀念　(B)銷售觀念　(C)生產觀念　(D)社會行銷觀念。【102年】

(　　) **25** 為了滿足不同消費者需求，日本當地的全家便利商店，若位於住宅區內即販售大包裝的衛生紙，在觀光地區則以販售當地紀念品為主，此種做法屬於？　(A)生產導向　(B)銷售導向　(C)行銷導向　(D)社會行銷導向。

(　　) **26** 企業忽略市場環境變化，開發產品時未融入消費者的需求，導致銷售量不佳，此為　(A)認知失調　(B)行銷近視症　(C)月暈效果　(D)刻板印象。

(　　) **27** 產品生命週期中，營業額達到最高峰及利潤達到最高峰分別在哪一個階段？　(A)導入期；成長期　(B)成長期；成熟期　(C)成熟期；成長期　(D)皆在成熟期。

( ) **28** 某飯店欲進行豪華套房的訂價，已知該豪華套房的單位成本是5,000元，預計加成百分比是20%，若採取成本加成訂價法，該套房的訂價應為多少？ (A)5,500元 (B)6,250元 (C)6,000元 (D)6,500元。

( ) **29** 某旅行社礙於資金的限制，放棄了歐洲旅遊市場，而專注在港澳市場，請問該旅行社採取何種行銷策略？ (A)差異化行銷 (B)無差異行銷 (C)分散性行銷 (D)集中式行銷。

( ) **30** 一群學生為了瞭解民眾購買智慧型手機的行為，設計了一份問卷，其中受訪者的個人基本資料包括性別與年齡。請問「性別」與「年齡」是屬於 (A)地理變數 (B)人口統計變數 (C)心理變數 (D)行為變數。

( ) **31** 良心企業有冰品產品線：草莓冰棒、巧克力雪糕；飲品產品線：紅茶、綠茶、烏龍茶；零食產品線：洋芋片、軟糖、夾心餅乾，請問良心企業的產品組合長度為 (A)3 (B)4 (C)6 (D)8。

( ) **32** 某企業所採行的通路密度策略有其優缺點，優點是市場涵蓋率非常高，但企業對中間商的控制力很弱，請問此企業的通路密度策略為何？ (A)密集性配銷 (B)選擇性配銷 (C)獨家配銷 (D)集中式配銷。

( ) **33** 「東西既然製造出來了，為了賺錢謀利，就要設法將東西賣出去」，這是行銷管理觀念的 (A)銷售導向 (B)生產導向 (C)行銷導向 (D)社會行銷導向。

( ) **34** 當企業資源有限時，只選擇少數幾個特定的目標市場，推出一項行銷組合，屬於哪一種行銷策略？ (A)差異化行銷 (B)無差異化行銷 (C)利基行銷 (D)大眾行銷。

( ) **35** 廠商以強力推銷的方式賣給消費者產品，上述情況易發生下列哪一種現象？ (A)行銷近視症 (B)認知失調 (C)月暈效果 (D)以偏概全。

( ) **36** 屈臣氏推出的「買貴退差價」服務，是為產品的何種層次？ (A)核心產品 (B)基本產品 (C)期望產品 (D)附加產品。

( ) **37** 下列有關通路策略的敘述，何者正確？ (A)行銷通路的長度是指中間流通階層的多寡 (B)行銷通路的密度是指產品線的多寡 (C)企業經營通路的能力愈強，愈適合使用長通路 (D)消費者購買頻率愈高的產品，愈適合使用短通路。

( ) **38** 中國信託以「We are family」的企業標語，強調消費者不論在何處，皆可提供像家人一樣溫暖的服務，此為中國信託的 (A)市場選擇 (B)市場定位 (C)促銷活動 (D)公益活動。

( ) **39** 某名牌服飾只透過獨家經銷商販售其商品，該名牌服飾所採取的行銷通路密集策略為 (A)獨家式配銷 (B)選擇性配銷 (C)密集式配銷 (D)標準式配銷。

( ) **40** 果農茂伯為自家果園架設網站，消費者只要在果園的網站上就可訂購水果，此種通路結構是屬於 (A)零階通路 (B)一階通路 (C)二階通路 (D)三階通路。

( ) **41** 媒體報導：「杜拜奢華超乎想像，當地警方竟使用「超跑」作為警車，其中包括布加迪威龍、法拉利、藍寶堅尼等。」試問「超跑」對一般台灣民眾屬於 (A)便利品 (B)工業品 (C)選購品 (D)特殊品。

( ) **42** 全家便利超商取得迪士尼公司的授權，推出「迪士尼Tsum Tsum扭扭蛋、大頭傘」等產品。上述情形中，全家便利商店採用何種品牌歸屬策略？ (A)中間商品牌 (B)製造商品牌 (C)授權品牌 (D)地區性品牌。

( ) **43** 荷蘭阿姆斯特丹開了全球第一家單身餐廳—Eenmaal，開店前，餐廳老闆經過調查分析，得知國內單身人口數，也覺得有利可圖。依上述內容可知，餐廳的有效區隔條件為 (A)可衡量性、可接近

性 (B)足量性、可行動性 (C)可區別性、可接近性 (D)可衡量性、足量性。

( ) **44** 有關行銷管理觀念的演進過程，何者正確？ (A)生產導向→產品導向→銷售導向→行銷導向→社會行銷導向 (B)產品導向→生產導向→銷售導向→行銷導向→社會行銷導向 (C)社會行銷導向→行銷導向→銷售導向→產品導向→生產導向 (D)生產導向→銷售導向→產品導向→行銷導向→社會行銷導向。

( ) **45** 消費者購買跑步機是為了追求健康生活，此為產品的哪一種層次？ (A)正規產品 (B)核心產品 (C)潛在產品 (D)擴張產品。

( ) **46** 統一超商、統一企業、和星巴克共同開設經營Starbucks Coffee門市，設置在人潮匯集的車站、醫院、百貨公司一樓等處，關鍵的成功策略為： (A)訂價 (B)通路 (C)產品 (D)促銷。

( ) **47** 廠商認為提升銷售量即可為公司帶來利益，而採取各項促銷推廣活動，屬於下列哪一種行銷導向？ (A)產品導向 (B)行銷導向 (C)銷售導向 (D)生產導向。

( ) **48** 康康深知同一杯咖啡在流動車、咖啡館與高級飯店裡，消費者願支付的價格不同，因此決定以流動車來販售價位較低的咖啡，由此可知康康採取何種訂價策略？ (A)需求導向策略 (B)成本導向策略 (C)競爭導向策略 (D)公益導向策略。

( ) **49** 小幫手公司推出新款智慧型掃地機器人，單價售價為2萬元，若單位變動成本5,000元、總固定成本500萬，為達到利潤1,000萬元的目標下，該公司應銷售多少單位產品？ (A)1,000 (B)600 (C)10,000 (D)300。

( ) **50** 目標行銷的內容包括：(1)選擇目標市場、(2)分析區隔後的子市場、(3)規劃行銷組合、(4)目標市場定位、(5)評估市場的吸引力、(6)確認區隔變數。其步驟依序為 (A)(1)(2)(3)(4)(5)(6)

(B)(1)(6)(2)(4)(5)(3)　(C)(6)(1)(2)(5)(3)(4)　(D)(6)(2)(5)(1)(4)(3)。

(　　) **51** 下列有關各種促銷工具的敘述，何者正確？　(A)置入性行銷屬於公共關係的一種　(B)網路購物屬於直效行銷的一種　(C)事件行銷屬於廣告的一種　(D)新聞媒體報導屬於人員銷售的一種。

(　　) **52** 新光三越百貨公司舉辦週年慶，推出「全館滿五千送五百」的促銷活動，請問該項活動採用何種促銷工具？　(A)銷售推廣　(B)廣告　(C)直效行銷　(D)人員銷售。

(　　) **53** 餐旅業選用低汙染物料，不過度包裝產品等做法，符合哪一種行銷管理觀念？　(A)生產導向　(B)行銷導向　(C)銷售導向　(D)社會行銷導向。

(　　) **54** 某運動知名廠商推出冠上該公司品牌的各種產品，包括鞋子、服飾、各式腰包及背包等，請問其採用何種品牌歸屬決策與命名決策？　(A)製造商品牌與單一家族品牌決策　(B)授權品牌與個別品牌決策　(C)製造商品牌與產品線家族品牌決策　(D)授權品牌與混合品牌決策。

Chapter 07

人力資源管理

一、人力資源管理的認識

(一) 人力資源管理的意義：「人力資源管理」是指在達成企業經營目標原則下，對企業組織內的人力資源加以規劃、執行與控制之程序或處理人力資源攸關事項的過程。

(二) 人力資源管理的目的

1. 提高生產力
2. 協調勞資關係
3. 減少人力浪費
4. 發揮工作潛力。

(三) 人力資源管理的範圍

選才	此項工作，包括人力資源規劃、工作分析、人才招募及甄選、測驗及面談。
用才	此項工作，包括工作評價、職位分類與工作設計、工作的指派、授權、協調、工作指導、紀律管理及領導。
育才	此項工作，包括職前訓練、在職訓練及職外訓練。
晉才	此項工作，包括績效評估，考核獎懲、晉升調補、獎工計畫、前程管理。
留才	此項工作，包括員工薪資與福利、員工勞健保及工安制度、勞動契約及勞資關係的處理。

(四) 人力資源管理的原則：為使人力資源管理發揮其應有的功效，應遵循下列幾個原則：

科學原則	採用科學方法從事人力資源管理，以求得客觀的分析。

原則	說明
發展原則	配合企業未來的營運需要，做最遠的規劃。
人才原則	企業必須培育人才，留用有用的人才，方能對企業有所貢獻。
民主原則	企業必須以民主方式領導員工、尊重員工、遵循逐級授權，分層負責的原則。
人性原則	必須考慮員工的企圖心、自尊心、上進心及情緒反應，重視人際關係的培養與建立，以取得員工的真誠合作。
參與原則	讓員工有實際參與企業決策的機會，使員工有參與感、歸屬感與自主感，員工將更具向心力。
績效原則	人力資源管理以實際績效為依據，企業必須建立員工考核的標準與制度。
彈性原則	管理措施不宜一成不變，而應因時、因地、因人、因事而制宜。
經濟原則	重視成本效益分析，減少浪費，並講求以最少的成本，發揮最大的效果。
例外原則	主管專注於例外重大事件之決策與處理。

二、人力資源規劃

(一) 人力資源化的意義：針對組織目前或將來的人力資源進行規劃及實施，確保組織內有適量、適用的人力，以維持良好的競爭優勢。

(二) 人力資源規劃的目的

1. 依企業組織的業務發展過程，求取最有效益的人力資源。

2. 規劃人力發展，確保組織內有足夠且適用的人力。
3. 對現有人力結構做出人力規劃，以降低人事成本。
4. 完善的人力資源規劃，促進勞資和諧關係。

(三) **現有人力分析**：對現有人力的數量、結構、素質進行分析，預測人力需求，以便進行人力資源規劃。

(四) **長期人力規劃**：企業應進行全盤性及長期性的人力規劃，擬定人員增補計畫，以及各項人員訓練及發展計畫。

(五) **人力資源規劃的工具**

針對企業未來發展的目標與策略，為使人與事能做最適切的配合，發揮最有效的人力資源運用，達成企業經營目標。

人力資源規劃的四大基本工具：工作分析、工作評價、職位分類、與工作設計。

1. **工作分析**

(1) **工作分析的意義與目的**：係指對企業內每一職位的工作內容、性質、方法、責任與工作人員所需具備的條件，予以分析、研究，並作成工作說明書及工作規範兩種書面記錄，以做為人力資源管理的基礎資料。

(2) **進行工作分析的方法**：

方法	說明
觀察法	由工作分析人員直接到現場觀察或透過對工作中的員工錄影來觀察工作者的實際工作情況。
問卷調查法	印製問卷調查表，分發員工填寫，然後加以進行分析。
面談法	與員工進行晤談，詢問其工作內容、性質，及工作疑難，並記錄下來。

工作日誌法	要求員工填寫每天工作細節的書面資料，以瞭解其工作的情況。
會議法	針對特定工作有豐富經驗的領班或現場主管徵詢其意見。
綜合法	依實際需要，綜合採用上述各種方法，以獲取較完整資料的方式。

(3) 撰寫工作說明書和工作規範：工作分析人員將搜集資料研究分析後，撰寫工作說明書和工作規範分布施行。

A. 工作說明書：說明每項工作的性質、內容、責任、處理方法和程序的一種書面記錄。

B. 工作規範：說明企業各部門及管理階層的工作職掌、工作範圍、目標、責任及員工擔任該項工作的基本條件及資格的書面記錄。

2. 工作評價

(1) 工作評價的意義：係指依據企業內各項工作難易程度、責任大小所需人員資格評定工作的相對價值，是員工薪酬計算、甄選、訓練、升遷的重要根據。

工作評價進行的順序：工作分析→工作分級→工作評價。

(2) 工作評價的方法：

A. 排列法（Job Ranking Method）：依據工作的性質、難易度、責任輕重及其他因素做綜合評估，依序排列出工作等級的高低，並以工作等級的高低做為核薪的依據。

B. 評分法（Point Method）：此法先就各項職位的特性，選出共同具備的可比較因素，並依據所畫出的各因素的價值或重要性，賦予不同的分數。然後按照各職位所需具備的各項因素的程度，給予適當的分數，再將各職位在各項因素上所得的評分加總以評定工作等級，最後，再參照職等薪資對照表核定薪資等級。

C 因素比較法（Factor Comparison Method）：先選定一些用來比較工作價值的因素，然後選出若干主要職位，按各因素分別評定各主要職位以金額表示其價值，其職位各因素價值之和，即為該職位的薪（工）率，各職位之薪資計算出來再做比較，即可決定職位之高低。

3. 職位分類之意義：是指依照工作性質、繁簡難易、責任輕重及所需資格條件等四項標準，加以分析並歸類所有職位的過程。

4. 工作設計

(1) 工作設計之意義及目的：所謂工作設計是指工作內容、工作方法及工作關係的管理活動。

(2) 工作設計的方法：

工作專業化	將不同工作分由不同專業人員負責，講求專業專精，注重工作的方法及工作效率。
工作輪調	調動員工擔任不同的工作，避免員工產生長期擔任某一工作的倦怠感。
工作擴大化	在工作難度及責任相同情況下，擴大員工工作的範圍。
工作豐富化	是一種具有人性化的措施，透過員工自行規劃、評估及控制責任以垂直式擴展其工作。

三、徵才與訓練

選才即是為企業挑選最適宜的人才，施以訓練，安排最適當的工作，以符合企業營運的需要。

(一) 人員的招募：企業基於業務上的需要，經過審慎縝密的挑選，以求得職位上適當人員的過程，稱為人員的招募。

企業為推展業務，或因員工離職而需補充人力，企業應對人力資源的需求做合理的預測與規劃，及時招募合適的人才，因應企業管運上的發展。

(二) 招募的來源

內部招募	(1)將出缺的職位公布於企業內部網路或公告欄，標示其工作特質、資格條件、薪資等資訊。 (2)檢視人事紀錄表，找出符合職缺條件的員工。 (3)運用平調或升遷的方式，進行內部人員職務的調動。
外部招募	(1)透過報紙、電視、電台、廣告DM，刊登廣告徵才。 (2)企業或求職者都可透過網路系統，進行徵才與求職。 (3)於各地的國民就業輔導中心招募人才。 (4)勞委會職訓局或青輔會等單位所設立職業訓練中心，也是企業選才的來源之一。 (5)企業可經由建教合作方式向學校徵求人才，到校徵才。 (6)請現職員工推薦，因為員工熟悉企業文化，了解組織需要人選的條件，而先初步的篩選，加上彼此熟識會協助新進員工進入狀況。 (7)有些組織為求取某項特殊人才時，會向同業挖角。

(三) 甄選的原則

1. 因事擇人而非因人設事。
2. 網羅工作所需人才。
3. 應有適當的甄選標準。
4. 應募集對組織有長期貢獻者。
5. 內升與外補並重，若出缺之職位，內部有合適的人才，為激勵士氣則內升優先。

(四) 招募員工的程序

一般企業常用的程序為：

1. 審查申請表：審查表是搜集應徵者基本資料的方法，採用這種方式可供初步過濾，減少面試人數。
2. 舉行測驗：以書面或其他方式測量應徵者個人的某些特質或能力，例如：認知能力測驗、智力測驗、性向測驗、心理成熟度測驗體能測驗。
3. 查核參考資料：其目的是了解應徵者過去的行為及表現。
4. 面談：主試者與應徵者之間透過面試，可以了解應徵者的相關資料，應徵者也可以了解企業狀況及工作性質。
5. 主管部門批准：當應徵者通過甄選程序之後，通常仍需要主管部門批准，才能取得聘僱條件。
6. 背景調查：企業對申請人的背景資料進行查證。
7. 任用通知：為招募員工程序的最後一個步驟，表示確定錄用。

(五) 人員的訓練：員工施以計畫性的訓練，俾能充分發揮員工潛力，達成企業經營的目標。

1. 員工訓練的目的：
   (1) 灌輸新進員工之知識與技能。
   (2) 保持及增進現職工作人員的知識與技能。
   (3) 熟練工作技能，提高產量與品質。
   (4) 培養員工，儲備人才。
2. 員工訓練的種類：可分為職前訓練、在職訓練與職外訓練三種，分別說明如下：
   (1) 職前訓練（Before-job Training）：實施對象為新進員工，訓練重點在使新進員工瞭解企業組織的政策與規章、工作環境的認識、及工作所需知識與技能，以期能順利的適應工作。職前訓練的方式主要包括以下幾種方式：A.建教合作；B.現場實習；C.開班講授。
   (2) 在職訓練（On-the-job Training）：其實施對象為在職員工，對在職員工施以新知識、新技能等項目的訓練以強化工作能力及培養儲備人才。在職訓練主要包括以下幾種方式：A.短期講習；B.深造教育；C.觀摩考察；D.工作輪調。

(3) 職外訓練（Off-the-job Training）：指受派員工，暫時離開現職至學術機構、企管顧問公司、或專業訓練中心參加長期間的訓練，參加此種訓練者，視其期間長短可給予公假、帶職帶薪或留職停薪等不同待遇。

四、薪資與福利

企業提供員工合理、甚至優渥的薪資與福利，可以提高員工之工作士氣，提升產能與工作績效，企業也可以因而獲致更大的利潤。

(一) 員工薪資

1. 薪資的內容：薪資的內容包括：本薪、津貼與獎金三個部分

(1) 本薪：又稱底薪，是按照員工職位等級所支付的薪資。

(2) 津貼：又稱加給，是一種輔助性質的薪給，基於特殊情形而給予除本薪外的另一種給付。例如交通津貼、房租津貼、誤餐費等。

(3) 獎金：是員工的額外待遇：是企業為鼓勵員工表現優良而給予的獎勵金。例如績效獎金、全勤獎金、年終獎金等。

2. 薪資的計算方法：企業應依其業務的特質選用適當的薪資計算的方法

(1) 計時制：以工作時間為薪資計算標準的制度，稱為計時制。
公式：薪資＝工作時間×薪資率

(2) 計件制：以員工完成工作數量為薪資計算標準的制度，稱為計件制。
公式：薪資＝工作件數×每件工資額

(3) 年資制：又稱年功制，以員工服務年資作為薪資計算的標準，此制適用於性質簡單，動作固定（機械式）的工作，或效率不易觀察、職位較低的工作。

(4) **考績制**：又稱績效制，是一種輔助性薪資制度，以工作的質與量作為薪資的計算標準。

(5) **分紅制**：除了薪資之外，從盈餘中提撥一定成數作為紅利分配給員工的制度，是一種輔助性的薪資制度。

(6) **獎工制**：一種輔助性的薪資制度，當員工工作量超過某個標準時，額外發給員工獎金的薪資制度，可鼓勵員工增加產量，提高生產效率。

常用的獎工制有哈爾賽獎工制、歐文獎工制、泰勒差別計件制、甘特作業獎工制，及愛默生效率獎工制等。茲分別說明如下：

A. **哈爾賽獎工制**（Halsey Premium Plan）：根據過去的經驗，制定每項工作的標準時間；無論工作時間是否達到標準，均訂有計時的基本工資；當實際工作時間小於標準工作時間，則除基本工資外，另發給一定比例的獎金，若未達標準者，只給基本工資，此制是加拿大哈爾賽所創，屬於計時與計件的混合制。

公式：實際工作時數≧標準工作時數

$E=T\times R$

實際工作時<標準工作時數

$E=T\times R+P(S-T)\times R$

E代表薪資

T代表實際工作時數

R代表每小時薪資

P代表獎金率

S代表標準工作時數

B. **歐文獎工制**（Rowan Premium System）：同樣根據過去的經驗決定標準時間，亦有保證最低工資，但獎金之多寡隨節省時間與標準時間之比例而增加。不論標準時間如何，規定工人不能獲得高於兩倍其計時制的工資。

公式：實際工作時數≧標準工作時數

$E=T\times R$

實際工作時＜標準工作時數

$$E = T \times R + \left(\frac{S - T}{S}\right) \times T \times R$$

代號與上述A.相同

C. **泰勒差別計件制**（Taylor Differential Piece- rate System）：當實際的工作成果達到或超過工作標準時，用高工資率計算薪資予以獎勵；而未達到工作標準者，則用低工資率計算支付薪資，此制具有激勵作用但無最低工資保障。

公式：已達工作標準 $E = N \times Ra$

未達工作標準 $E = N \times Rb$

E代表薪資

N代表完成產品件數

Ra代表已達工作標準之工資率

Rb代表未達工作標準之工資率

D. **甘特作業獎工制**（Gantt Task and Bonus System）：根據每項工作之動作與所需時間制定工作標準，達到或超過標準者，除了計時工資外，另可得作業獎金；未達標準者，僅可支領計時工資。

公式：未達工作標準　$E = T \times R$

已達工作標準　$E = (S \times R) + (P \times S \times R)$

E代表薪資

T代表實際工作時數

R代表工薪率

S代表標準工作時數

P代表獎金之百分率

E. **艾默生效率獎工制**（Emerson Efficiency Wage System）：根據員工之工作效率（指標準工作時數與員工實際工作時數的比例）之差異，給予不同（漸進比例）之獎金，工作效率在66.7%以下者，只能按時計酬沒有獎金；工作效率在66.7%以上者予獎金，效率越高，獎金亦越高；工作效率超過100%者可另得時薪20%獎金。

公式：工作效率在66.7%以下者

$E = T \times R$

工作效率在66.7%與100%之間者

$E = (T \times R) + (P \times T \times R)$

工作效率超過100%（含100%）者

$E = (S \times R) + (0.2 \times T \times R)$

E代表薪資

T代表實際工作時數

R代表時薪

P代表獎金率

S代表標準工作時數

$$工作效率 = \frac{標準工作時數}{實際工作時數}（每週或每月）$$

(7) **特種獎金制**：

A. 團體獎金
B. 考勤獎金
C. 品質獎金
D. 績效獎金
E. 年功獎金
F. 設備運用獎金
G. 提案獎金

(二) 員工福利

1. **員工福利的意義及重要性**：是指企業在本薪、津貼及獎金之外，為了維護員工身心健康，改善員工生活水準，另給予各種輔助措施。薪資與福利的總和即員工之全部待遇。調薪牽涉之問題較多時，可以增加福利的方式改善待遇，又薪資之決定多以工作程度及資歷深淺為其主要考慮因素，常不能考慮到個人與家庭的實際需要，在維持既定的薪資體制下，企業可透過福利措施有效保障員工的生活。

2. 員工福利的範圍：

範圍	內容	實例
經濟性福利	對員工提供財務上各種補助或支援。	結婚補助、生育補助、喪葬補助、團體保險。
設施福利	對員工日常生活所需要的提供各項的設備或服務。	上下班交通車、福利委員會、膳宿服務、醫療服務。
娛樂福利	提供員工各種休閒娛樂活動，以增進員工身心健康。	員工旅遊、慶生會、舉辦團康活動。
教育性福利	提供員工在教育方面的措施或服務，此增進員工的知識和技能。	教育訓練補助、進修補助、國內外研習補助。

3. 實施的原則：

- **需要原則**：公司的福利措施，應以員工最迫切需要的福利優先辦理。
- **生活原則**：公司的福利措施，應以員工生活上的基本需求為優先。
- **經濟原則**：公司的福利措施，應符合經濟效益。
- **配合原則**：公司的福利措施，應以公司的條件與規模為考量。
- **公平原則**：公司的福利措施，不因職位高低或性別不同而有差別待遇。
- **回饋原則**：公司的福利措施，應定期檢討是否發揮功效。

五、績效評估

(一) **績效評估的基本概念**：是指企業對員工任職以後在一定期間內的工作表現做一工作考評的程序。管理當局進行績效評估應根據公平客觀之原則，實事求是，評估員工，減少個人的偏見，以增進人事的行政效率。

(二) **績效評估的目的**

1. 作為改善員工工作效率的基礎。
2. 可應用於調薪、調遣、獎懲、任免的依據。
3. 可作為激勵及訓練員工，協助其生涯發展。
4. 鼓勵團隊合作、發揮團隊潛力。

(三) **績效評估的程序**

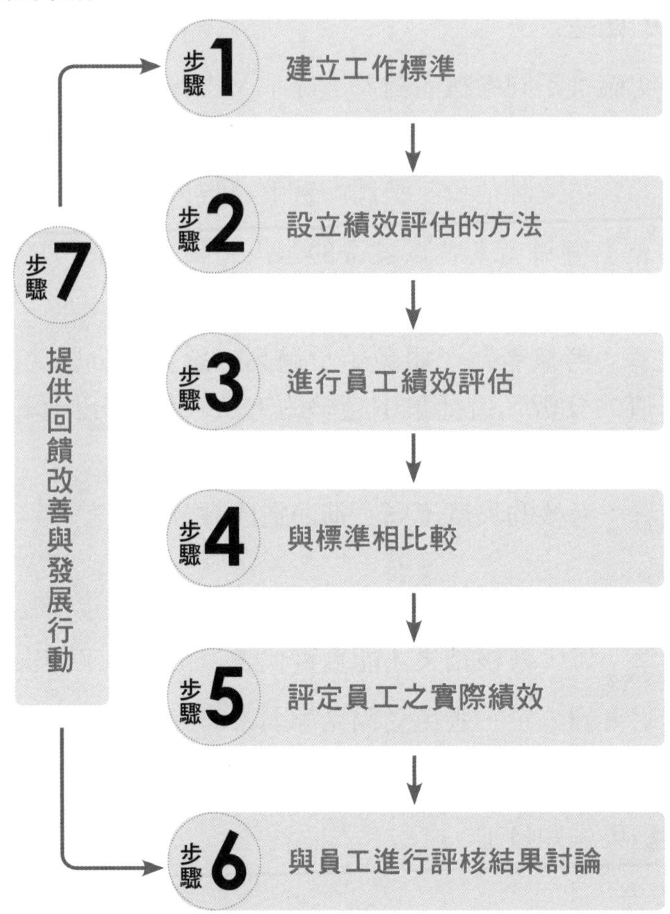

(四) 績效評估的資訊來源

1. 主管的評估：主管平日管理或督導部屬，是最清楚員工績效表現。
2. 同儕互評：一起工作，有更多時間觀察被評估者真實的工作行為、人際關係、團隊合作。
3. 部屬評估主管：可以協助主管改善與部屬之間的領導技巧與人際關係，促使溝通更民主化。
4. 自我評估：此方式是由員工填寫自我評估量表，讓員工了解平日表現的優缺點。
5. 顧客評估：藉由外部顧客的力量提升員工的服務態度及服務品質。
6. 360度回饋（360 Degree Feedback）：藉由主管評估方式之外，亦綜合同儕互評、部屬評估主管、員工自我評估以及顧客評估等多面向的評核結果，再對員工做出評價。

(五) 績效評估的偏差

1. 標準不明確：不同考核者對於「好」、「普通」有不同的定義。
2. 「輪暈效應」（Hallo Effect）或稱月暈效應：考核者以員工某項較為優異的特質來評估員工整體的實際表現。
3. 刻板印象：考核者常會以員工的個人特質（年齡、性別、學歷、宗教）來評定其表現。
4. 集中趨勢：考核者為了避免給予過高或過低的分數，普遍會採取趨向中間值的分數，這種集中趨勢的方法，無法分出員工實際績效的優劣。
5. 分化差異：考核的尺度不同，進而造成評分的誤差。

(六) 績效評估的原則

1. 評估標準明確，考核結果才能真實代表員工實際工作表現。
2. 考核者應客觀公正，避免受偏見等因素的影響。
3. 評估結果應有高低性，而不是趨向中間值。
4. 將評估結果告知員工。

5. 評估結果可作為日後訓練、發展、獎懲、升遷的參考資料。

(七) 獎懲

獎懲是指企業依據績效評估的結果給予員工獎勵或懲戒的措施。

1. 獎勵的方式有：嘉獎、記功、獎金、加薪、晉升等。獎勵具有積極的激勵效果，能鼓勵員工士氣，提升員工工作效率。
2. 懲戒方式有：申誡、記過、減薪、降級、調職、停職、免職等。懲戒具有消極的警惕效果，以維持員工最基本的工作效率。
3. 獎懲原則

原則	說明
公平原則	賞罰要分明，以績效考核結果為依據，事先制定公平合理的獎懲標準。
時效原則	應迅速落實執行，不可雷大雨小。
目的原則	獎懲內容應對員工有實質影響，才可能達到效果。
獎重於懲原則	表現優秀的員工應給予獎勵，表現不佳的員工則應適度給予改進的機會或懲戒。
比例原則	高階員工犯錯其懲戒的程度應高於低階員工，此外，重犯與初犯的懲戒也應有所差異。

(八) 績效評估的方法

1	排列法 （Ranking Method）	將同一部門的工作人員，按照工作成績從表現最好的排列到最差的並訂定其考績。

2	人與人比較法（Man-to-Man Comparison Rating Method）	將評估因素分體格、智力、領導能力、品格及貢獻等五項，每項評估因素分成優、良、中、次、劣，五個層次以作為考核之尺度，便於比較衡量。
3	圖表測量法（Graphic Rating Scale Method）	此法是將員工擔任工作的各項特性、需求或因素，作為評估的項目，每一評估的項目分別用五種等級（如特優、優、佳、可、劣），依序排列在測量尺上，考評人員依據員工的表現，在每一項目的圖尺做記號，各項目所得分數的總和即為總分數。
4	配對比較法（Paired Comparisons Method）	此法是指將員工逐一兩兩配對，比較其績效優劣，而排列出所有人員的績效優劣排序。
5	工作標準法（Standard Work Method）	是對每一項工作的數量、品質、時間或其他條件預先訂出工作標準，然後依據每一工作人員對工作執行的實際表現與工作標準的差異，作為考核的依據。
6	目標管理法（Management By Objectives Method）	是由主管與部屬共同協調訂定一個工作目標，再依每一員工實際工作達成率的高低作為考績的依據。
7	關鍵事件法（Critical Incident Technique Method）	又稱重要事件評定法，即主管平時記錄下員工某些重要事件，作為日後評定考績的依據。

六、勞動基準法、現行勞退制度、性別平等工作法與原住民族工作權保障法之工時與工資等權益保障與核心精神

(一) 勞動基準法

立法目的：為規定勞動條件最低標準，保障勞工權益，加強勞雇關係，促進社會與經濟發展，特制定本法。雇主與勞工所訂勞動條件，不得低於本法所定之最低標準。

勞動基準法對於工資與工時的規範如下：

1. 工資：指勞工因工作獲得之報酬；包括工資、薪金及按計時、計日、計月、計件以現金或實物等方式給付之獎金、津貼及其他任何名義之經常性給與均屬之。

2. 工資由勞雇雙方議定之。但不得低於基本工資。

   現行的基本工資為27,470，基本工時為183。（民國113年1月1日實施）

3. 雇主對勞工不得因性別而有差別之待遇。工作相同、效率相同者，給付同等之工資。

4. 勞工正常工作時間，每日不得超過八小時，每週不得超過四十小時。前項正常工作時間，雇主經工會同意或勞資會議同意後，得將其二週內二日之正常工作時數，分配於其他工作日。其分配於其他工作日之時數，每日不得超過二小時。但每週工作總時數不得超過四十八小時。

(二) 勞工退休金條例

立法目的：政府為增進勞工退休生活保障，加強勞雇關係，促進社會及經濟發展，特制定勞工退休金條例。

勞工退休金條例對於制度之適用與銜接、退休金專戶之提繳與請領與年金保險等均明確規範，現說明如下：

1. 制度之適用與銜接：勞工退休金條例之適用對象為適用勞動基準法之人員。

2. **退休金專戶之提繳與請領**：雇主應為勞工負擔提繳之退休金，不得低於勞工每月工資百分之六。勞工得在其每月工資百分之六範圍內，自願提繳退休金；其自願提繳之退休金，不計入提繳年度薪資所得課稅。

3. 年金保險：

(1) 事業單位僱用勞工人數二百人以上，經工會同意，或無工會者，經勞資會議同意後，得為以書面選擇投保年金保險之勞工，投保符合保險法規定之年金保險。

(2) 保險人應依保險法規定專設帳簿，記載其投資資產之價值。勞工死亡後無遺屬或指定請領人者，其年金保險退休金之本金及累積收益，應歸入年金保險專設帳簿之資產。

(3) 雇主每月負擔之年金保險費，不得低於勞工每月工資百分之六。

(4) 年金保險之契約應由雇主擔任要保人，勞工為被保險人及受益人。

(三) 性別平等工作法

為保障性別工作權之平等，貫徹憲法消除性別歧視、促進性別地位實質平等之精神，制定性別平等工作法。

性別平等工作法包括性別歧視之禁止、性騷擾之防治、促進工作平等措施等，分別說明如下：

1. **性別歧視之禁止**：

(1) 雇主對求職者或受僱者之招募、甄試、進用、分發、配置、考績或陞遷等，不得因性別或性傾向而有差別待遇。

(2) 雇主對受僱者薪資之給付，不得因性別或性傾向而有差別待遇；其工作或價值相同者，應給付同等薪資。

(3) 雇主對受僱者之退休、資遣、離職及解僱，不得因性別或性傾向而有差別待遇。

2. **性騷擾之防治**：性騷擾，是指下列兩種情形之一：

(1) 受僱者於執行職務時，任何人以性要求、具有性意味或性別歧視之言詞或行為，對其造成敵意性、脅迫性或冒犯性之工作環境，致侵犯或干擾其人格尊嚴、人身自由或影響其工作表現。

(2) 雇主對受僱者或求職者為明示或暗示之性要求、具有性意味或性別歧視之言詞或行為，作為勞務契約成立、存續、變更或分發、配置、報酬、考績、陞遷、降調、獎懲等之交換條件。

3. 促進工作平等措施：

(1) 對於女性受僱者的生理假、產假的給假標準予以明定。

(2) 受僱者任職滿六個月後，於每一子女滿三歲前，得申請育嬰留職停薪，期間至該子女滿三歲止，但不得逾二年。

(四) 原住民族工作權保障法

立法目的：為了促進原住民就業，保障原住民工作權及經濟生活，特別制定原住民族工作權保障法。

該法規對於保障原住民工作權的規範有比例進用原則、原住民合作社、公共工程及政府採購之保障、促進就業與勞資爭議及救濟。

1. 比例進用原則：明訂各級政府機關、公立學校及公營事業機構須進用一定比例的原住民受雇人數。

2. 原住民合作社：政府應依原住民群體工作習性，輔導原住民設立各種性質之原住民合作社，以開發各項工作機會。

3. 公共工程及政府採購之保障：各級政府機關、公立學校及公營事業機構，辦理位於原住民地區未達政府採購法公告金額之採購，應由原住民個人、機構、法人或團體承包。

4. 促進就業：中央主管機關應設置原住民就業促進委員會，規劃、研究、諮詢、協調、推動、促進原住民就業相關事宜；其設置要點，由中央主管機關另定之。政府應鼓勵公、民營機構辦理原住民就業服務，提供就業諮詢、職場諮詢、就業媒合及生活輔導。

5. 勞資爭議及救濟：原住民勞資爭議，依據勞資爭議處理法規定辦理。但勞資權利事項與調整事項之爭議，勞方當事人有三分之一以上為原住民時，調解程序或仲裁程序委員會的成員必須有原住民身分一定人數的代表。

══考前實戰演練══

(　　) **1** 張三在公司負責生產作業，因學習能力強，經理希望培訓他做更進階的採購工作，這是工作設計的哪一項原則？ (A)工作輪調 (B)工作簡單化 (C)工作豐富化 (D)工作擴大化。【109年】

(　　) **2** 如果因為遭遇重大變故，而導致公司必須要規劃員工放無薪假，則實施無薪假是由誰決定？ (A)政府決定後公告實施 (B)資方規劃後決定 (C)勞資雙方共同議定 (D)勞方或工會決定。【109年】

(　　) **3** 因受評者之年齡、種族或性別不同時，以先入為主的觀感為依據，致影響績效評估結果，使其與實際績效不符，這種現象稱為：(A)月暈效果 (B)標準不明 (C)趨中傾向 (D)刻板印象。【109年】

(　　) **4** 連鎖咖啡店店長要求新進員工：(1)制服穿著、服務流程，促銷說明皆須與總部要求一致；(2)內場人員負責製作飲料餐點，外場人員負責送餐與收銀；(3)要求新進人員參照公司編製的指導手冊以便快速上手，請問以上敘述依序屬於何種經營原則？ (A)標準化、簡單化、專業化 (B)簡單化、標準化、專業化 (C)標準化、專業化、簡單化 (D)專業化、標準化、簡單化。【108年】

(　　) **5** 在人力資源網站上看到以下敘述，此應屬於何種類型的文件？(A)工作日誌 (B)工作規範 (C)工作內容 (D)工作評價。【108年】

> 1. 負責國外業務
> 2. 開發新業務/專案/專案管理
> 3. 拜訪國外出差/客戶/收集分析市場行銷資訊
> 4. 系統訂單，出貨維護，與客戶溝通訂單，圖面細節與廠內溝通交期，樣品追蹤
> 5. 維護電子商務平台

( ) **6** 下列有關薪資的敘述何者正確？ (A)績效不易觀察且固定化的工作，宜採行獎金制 (B)以員工的銷售金額作為其薪資計算的標準，此屬分紅制 (C)以員工表現超出設定目標時給予額外的獎金，此屬獎工制 (D)提撥一定比例的盈餘，再根據員工貢獻分配給員工，此屬考績制。 【108年】

( ) **7** 張生第一次擔任主管，正準備進行年終績效考核 (1)他認為男性員工比較粗心，因此下屬男性會計人員一定表現較差；(2)他對員工的評估等級為「表現出色」、「表現普通」、「表現尚可」；(3)他想當一個親民的主管，因此將所有人的分數定於80 ~90之間；(4)他認為新進員工朱生能言善道、人緣佳，未來工作表現必定可期請問以上敘述依序犯了何種錯誤？ (A)月暈效果、趨中傾向、標準不明、刻板印象 (B)月暈效果、標準不明、趨中傾向、刻板印象 (C)刻板印象、趨中傾向、標準不明、月暈效果 (D)刻板印象、標準不明、趨中傾向、月暈效果。 【108年】

( ) **8** 某流行服飾公司最近提出「設計至上」的概念，讓所屬的設計師除原本的服飾設計之外，也需要負責控管設計專案的成敗，以確保設計師的設計理念得以正確執行、完整呈現。此外，不同產品線的設計師之間每隔幾年就交換崗位，以提高多元化的時尚敏銳度，這在工作設計上的概念是屬於： (A)工作複雜化與工作晉升 (B)工作擴大化與工作輪調 (C)工作標準化與工作擴大化 (D)工作豐富化與工作輪調。 【107年】

( ) **9** 「誠徵機械設計工程師，大學畢業以上，主修機械工程學類、熟悉各種繪圖軟體，1年以上工作經驗，具有責任心、能團隊及獨立作業者，歡迎加入我們的行列。底薪4萬元，若工作績效超出設定目標有高額獎金」。此敘述內容分別屬於： (A)工作說明書、考績制 (B)工作規範、獎工制 (C)工作評價、分紅制 (D)工作內容、獎工制。 【107年】

( ) **10** 下列何者不屬於工作分析所產生的具體目標成果？ (A)工作說明書 (B)工作規範 (C)工作評價 (D)工作內容。 【106年】

(　) **11** 某國際飯店集團提出儲備高階經理人計畫，預計十年內派任儲備人員至各海外子公司的各個工作部門歷練，並於通過考核後，晉升為集團內高階經理人，請問此項計畫較符合哪些工作設計原則？ (A)工作簡單化與工作擴大化 (B)工作豐富化與工作輪調 (C)工作擴大化與工作標準化 (D)工作標準化與工作豐富化。【106年】

(　) **12** 企業常以員工的工作表現作為薪資計算的標準，下列關於薪資計算的敘述，何者正確？ (A)以員工的工作表現作為薪資計算的標準，屬於分紅制 (B)以員工的服務年資作為薪資計算的主要標準，屬於考績制 (C)以完成的工作件數作為薪資計算的主要標準，屬於計時制 (D)工作成果超過標準時，核發基本工資及額外獎金，屬於獎工制。【106年】

(　) **13** 某顧問受聘為甲企業訂定該公司之績效獎勵機制，該顧問先與員工見面，讓他們說明自己的工作內容後，再分析整理出執行該工作所需具備之基本條件與資格的書面文件。依上述內容，該顧問進行了哪些人力資源規劃工作內容？ (A)工作分析與工作評價 (B)工作評價與職位分類 (C)職位分類與工作設計 (D)工作分析與訂定工作規範。【105年】

(　) **14** 考慮企業營運成本及獲利狀況的薪資制度設計原則為何？ (A)合理原則 (B)安定原則 (C)經濟原則 (D)彈性原則。【105年】

(　) **15** 在對員工工作績效進行考核的方法中，所謂360度績效評估法是指： (A)全年365天都評鑑員工績效 (B)利用360項指標來評估員工績效 (C)對員工在處理人、事、物等每一方面都給予考核評鑑 (D)主管、同事、下屬、供應商、客戶及員工自己等來評核員工的績效表現。【105年】

(　) **16** 仁愛公司為了提升在職員工的專業知識與技能，資助員工至學校上課，此最符合下列何種方式？ (A)建教合作 (B)開班講授 (C)職外訓練 (D)進修訓練。【104年】

(　　) **17** 李先生在一家出版公司擔任業務代表超過五年且表現良好，公司主管決定擴大李先生與客戶議價議約的權限，這是屬於工作設計中的哪一種內容？ (A)工作簡單化 (B)工作擴大化 (C)工作豐富化 (D)工作複雜化。【104年】

(　　) **18** 某科技公司的薪資，係依員工的服務年數與工作成果的質與量而定，且可依公司年度獲利狀況提撥部分盈餘給員工，請問該公司的薪資計算方式採用了下列何種制度？ (A)計時制、考績制、股票選擇權 (B)年資制、獎金制、分紅制 (C)計時制、獎金制、股票選擇權 (D)年資制、考績制、分紅制。【104年】

(　　) **19** 某家企業對公司人才培育非常重視，對人才的職涯發展給予完整規劃。甲君進入公司服務後，從一開始的商務企劃工作、業務銷售到擔任品質管理工作，經歷豐富。請問該公司是採用哪一種工作設計原則？ (A)工作簡單化 (B)工作輪調 (C)工作擴大化 (D)工作豐富化。【103年】

(　　) **20** 某公司正推動「品管圈」活動，鼓勵同一工作現場的員工組成小組，提出改善產品設計、生產或服務流程等之建議，如獲得公司採用則給予表揚與獎勵，請問此一活動的推行，最符合人力資源管理的哪一項原則？ (A)民主原則 (B)科學原則 (C)參與原則 (D)發展原則。【103年】

(　　) **21** 有關從內部管道招募員工的優點，下列敘述何者不正確？ (A)可以節省訓練費用 (B)可以激勵員工士氣 (C)較易掌握被提拔者的才能 (D)較易帶進創新的觀念與作法。【102年】

(　　) **22** 2013年3月份雄獅集團於校園徵才活動中釋出上百個職缺，大舉招募各領域人才。其開出的部份福利有：(1)完整教育訓練課程（基礎訓練、專業訓練）。(2)高級辦公大樓、交通方便、環境優。(3)結婚生育禮金、年終獎金。請問上述不含哪一類福利？ (A)經濟性福利 (B)設施性福利 (C)娛樂性福利 (D)教育性福利。【102年】

(　) **23** 某企業在2012年年底進行員工績效評估，以決定員工的去留。其中以員工之貢獻、品格、能力、合作程度、負責與主動性為評估項目，每一項目分為五級，依序就員工的實際表現評核，再加總各項評分。請問此屬於哪一種績效評估方法？ (A)圖表測量法 (B)人與人比較法 (C)工作標準法 (D)目標管理法。 【102年】

(　) **24** 網路電子報：「無薪假、責任制、過勞死、血汗企業、超時工作等勞資爭議時有所聞，為進一步保障勞工權益，勞動部宣布於103/9/16成立－勞動條件檢查大軍，預計兩年內招募勞工、社會及法律相關科系研究所以上學歷之專業人員325人，起薪約38，000元。」試問「兩年內招募勞工、社會及法律相關科系研究所以上學歷之專業人員」之敘述屬於 (A)工作規範 (B)工作說明書 (C)工作設計 (D)工作評價內容。

(　) **25** 承上題，避免被血汗工廠剝削的第一步就是熟知自身權益，試問下列有關勞基法之規定何者有誤？ (A)勞工每日正常工作時間不得超過8小時 (B)每日加班不得超過4小時 (C)勞工每7天中，有1日休息日與1日例假日 (D)到職未滿一年者，無特休假。

(　) **26** 民眾求職時，除薪資高低外，亦將職涯發展、福利待遇、企業文化等條件納入考量。試問企業提供交通車、宿舍、福利社等便民措施係屬於下列哪一種福利？ (A)經濟性福利 (B)設施性福利 (C)團體保險福利 (D)娛樂性福利。

(　) **27** 在對員工工作績效進行考核的方法中，所謂360度績效評估法是指： (A)採用圖尺度表填寫打分 (B)利用360項指標來評估員工績效 (C)對員工的工作行為進行觀察、考核，從而評定績效水平 (D)主管、同事、下屬、供應商、客戶及員工自己等來評核員工的績效表現。

(　) **28** 台灣積體電路公司定期舉辦校園徵才，也透過人力銀行網站來尋找人才，這是屬於人力資源管理之 (A)選才 (B)用才 (C)育才 (D)留才。

( ) **29** 以下哪一項不是人力資源規劃的工具？ (A)工作評價 (B)市場區隔 (C)工作設計 (D)職位分類。

( ) **30** 企業預先將績效分若干等級，並規定每一等級的分配比例；再由考核人員判斷每位員工的表現，並依規定比例，分配到所屬等級，此屬於何種績效評估的方法？ (A)強迫分配法 (B)配對比較法 (C)排列法 (D)工作標準法。

( ) **31** 下列有關人員招募之敘述，何者有誤？ (A)不同招募方式，所募得的人力族群盡不相同 (B)招募方式不同成本亦不同，網路招募之成本較傳統報紙廣告為高 (C)網路人力仲介提供求才與求職之媒合 (D)所謂面談，係指人與人之間以口語方式取得溝通與了解，相較考試而言，可取得求職者更深一層的資料。

( ) **32** 企業在執行獎懲時，下列哪一項做法有誤？ (A)懲罰必須具有時效性 (B)職位愈高懲罰愈重 (C)懲罰應慎重公平 (D)對累犯者從輕議處。

( ) **33** 「伯樂識千里馬」、「知人善任」，依序分別屬於人力資源管理的何種範圍？(1)選才、(2)用才、(3)育才、(4)晉才、(5)留才。 (A)(2)(3) (B)(2)(4) (C)(2)(1) (D)(1)(2)。

( ) **34** 說明某項工作之「工作人員」所需的學經歷、技能、人格特質等條件的書面文件，稱為 (A)工作分析 (B)工作說明書 (C)工作規範 (D)職位說明書。

( ) **35** 企業將體格、智力、領導能力、品格、貢獻等五項評估因素區分等級，考核人員為每個因素挑選出一位具有代表性的員工，再將其他受考評人員與代表性員工逐一比較，這是屬於何種績效評估法？ (A)人與人比較法 (B)分等法 (C)配對比較法 (D)工作標準法。

( ) **36** 考慮企業營運成本及獲利狀況的薪資制度設計原則為何？ (A)合理原則 (B)安定原則 (C)經濟原則 (D)彈性原則。

(　) **37** 鴻怡企業的工作分析人員進行工作分析時，依實際需要運用觀察法、面談法、問卷調查法及工作日誌法來蒐集資料，試問該企業是採用何種工作分析的方法？ (A)綜合法 (B)排列法 (C)因素比較法 (D)評分法。

(　) **38** 下列敘述何者有誤？ (A)工作分析是工作評價的基礎，工作評價是工作分析的延伸 (B)工作分析是企業核薪的基礎，亦是人力資源管理的基礎 (C)工作性質不同應選用不同的工作分析方法 (D)工作分析一般多由人資單位負責。

(　) **39** 王品集團內部為期3天2夜之「高壓式魔鬼」訓練，採取高壓式磨練（如：晨跑、飯前唱歌答數、隔著馬路與夥伴喊話），其目的在於培養餐飲從業人員之抗壓性與情緒處理能力。試問該訓練之屬性為何？ (A)遠距教學 (B)在職訓練 (C)代理制度 (D)職外訓練。

(　) **40** 下列有關績效評估的敘述何者為非？ (A)「依員工表現，選出最佳與最差者、次佳及次差者」為配對比較法 (B)「以一定比例強迫考評者進行績效評估」為強迫配對法 (C)「最常使用、最受歡迎」為圖表測量法 (D)「客觀且全方位」為360度績效評估法。

(　) **41** 下列關於工作設計的敘述何者有誤？ (A)工作簡單化是將複雜的工作加以分解 (B)工作擴大是增加員工的工作項目，提高工作難度且賦予更多職責 (C)工作豐富化可提高員工的自主權 (D)工作輪調可讓企業擁有更多經驗豐富的人才。

(　) **42** 下列有關工作輪調之敘述何者正確？ (A)可增加員工對組織整體認識，有助未來工作任務的執行 (B)可讓員工體驗不同部門的工作性質，有利員工職涯發展之規劃 (C)同屬工作設計、在職訓練的一環 (D)以上皆是。

(　) **43** 在電子公司擔任操作員的金燕今年懷孕生子，公司額外給與生育補助金。請問這是屬於哪一種企業福利？ (A)經濟面福利 (B)娛樂面福利 (C)設施面福利 (D)教育面福利。

(　　) **44** 呱吉哥為某保險公司的新進人員，為了儘早了解其工作職責及條件等「工作內容」，他應該參考　(A)工作評價表　(B)工作說明書　(C)工作規範　(D)工作設計書。

(　　) **45** 「同時考慮企業營運發展的方向與員工對個人生涯發展的期望」，是人力資源管理原則中的　(A)參與原則　(B)績效原則　(C)發展原則　(D)彈性原則。

(　　) **46** 以有系統的方式，將組織各項職務依性質、難易、責任及資格條件等程度，區分成各種職級的人力資源管理工具為　(A)工作分析　(B)工作評價　(C)工作設計　(D)職位分類。

(　　) **47** 一般而言，對追求績效的民營企業，下列何者是獎金發放的最主要依據？　(A)工作表現　(B)年資　(C)學歷　(D)工作難度。

Chapter 08

財務管理

一、財務管理的認識

財務管理與其他管理活動之關係甚為密切，舉凡生產、行銷、人力資源研究發展等管理功能，都與財務管理活動息息相關。

(一) 財務管理的意義與基本功能

1. 財務管理的意義：是指企業根據其本身的營業性質與規模，適當規劃、籌集與控制企業資金。

2. 財務管理的基本功能：

資金的籌措	企業在進行營運活動時需要資金的支援，企業籌措資金來源很多，可分為對外舉債與對內募集（向股東募集）兩種。
財務規劃	企業應配合營運目標擬訂財務管理之短期、中期及長期計畫，良好的財務規劃。
財務控制	財務控制的目的在確保財務計畫的順利進行，期使企業資金的有效運用。
資產管理	企業的營運資產是指企業在營運過程中經常會運用到的流動資產。如現金、有價證券、應收帳款、存貨等。

(二) 財務管理的目標

1. 為股東謀求最大的財富。
2. 妥善的財務制度可以提升企業對資金控制與財務規劃的效率，而有效降低企業的各種經營風險。
3. 良好的財務管理，可以將資金作計畫的支配與運用。

4. 管理者可藉由財務報表分析了解企業經營成果之優劣，作為管理決策時重要參考資料。
5. 將各項投資所可能產生的收益與風險事前加以評估，提供投資時的參考依據。

(三) 財務管理的特性

1. 計畫性：財務管理須配合企業的經營目標加以規劃。
2. 控制性：使企業內的資金流通順暢，須做好財務控制的作業。
3. 利益性：協助企業以最小的成本換取最大的利潤。
4. 大眾性：資金籌措是來自於社會大眾的投資。
5. 公開性：為了對大眾投資者負責，企業的財務狀況與經營成果，會透過財報提供給投資者參考。

二、財務規劃與財務控制

(一) 財務規劃：財務規劃是企業在經營運作或進行投資方案之前，應將資金來源、預算、收益、費用、與利潤等項目，事先做適當的規劃。

1. 財務規劃的目的：
   (1) 擬定營運計畫。
   (2) 預先籌措資金。
   (3) 有效資源配置。
2. 財務規劃應考慮的因素：

經濟因素 → 應審慎預測未來經濟景氣變化，作為擬定未來營運計畫之參考指標。

市場因素	依市場與需求的狀況，競爭者的價格與品質，事先擬定產品售價、銷售數量，及所需投入的資金等。
生產因素	應事前衡量現有的生產能力是否可應付未來市場需求。
資金因素	估計未來營運資金的需求數量、資金來源、籌措方式及如何做最有效的運用。
緊急應變計畫	應事先籌畫所需資金來源及籌措方式，避免造成營運的中斷。

3. **財務規劃的內容**：財務規劃的內容包括財務預測、利潤規劃及預算編製：

財務預測	是企業根據過去以及現在營運狀況，對未來財務活動的發展趨勢（如銷貨量及資金需求量）所做的預測及規劃。
利潤規劃	利潤規劃是根據企業經營的總體目標明確訂定企業整體與各部門的利潤目標，財務人員做利潤規劃時應蒐集多方面的資料，並須會同生產、行銷、研發、人力資源等部門人員共同進行規劃。
預算編製	財務預測及利潤規劃予以數字或數量化，以確實執行財務計畫的內容，就是預算編製。

(二) **財務控制**：財務控制是針對企業財務管理作業規劃完成後加以追蹤考核，並及時採取改正措施，俾實際績效能符合預期的標準的一種過程。

1. **財務報表**：企業在進行財務控制時，最常用的財務報表為資產負債表、損益表及現金流量表三種。

   (1) **資產負債表**：表達一個企業在某一個特定日的財務狀況的報表。

(2) **損益表**：表達一個企業在某一期間營業的成果。

(3) **現金流量表**：表達一個企業在某期間內資金流入與流出的情況的報表。

2. **財務比率分析**：財務比率分析是以上述財務報表中不同科目間的比率關係，利用技術上的分析來瞭解企業營運狀況的指標。

(1) **短期償債能力分析**：

A. **流動比率**：

$$流動比率=\frac{流動資產}{流動負債}$$

流動比率是衡量一個企業短期償債能力的指標。流動比率愈大，表示短期償債能力愈強。

B. **速動比率**：

$$速動比率=\frac{速動資產}{流動負債}$$

速動資產＝流動資產－存貨－預付費用－用品盤存

速動比率又稱酸性測驗（Acid-Test），是衡量一個企業迅速（極短時間內）償債能力的指標。

(2) **經營能力分析**：

A. **應收帳款週轉率**：

$$應收帳款週轉率=\frac{賒帳淨額}{平均應收帳款餘額}$$

$$平均應收帳款餘額=\frac{期初應收帳款+期末應收帳款}{2}$$

應收帳款週轉率是指應收帳款全年週轉的次數，亦即一年內應收帳款收回的次數，是衡量企業收帳速度與效率的指標，週轉率愈高愈好，表示收帳效率佳。

B. **存貨週轉率**：

$$存貨週轉率=\frac{銷貨成本}{平均存貨}$$

$$平均存貨=\frac{期初存貨+期末存貨}{2}$$

存貨週轉率是指全年存貨週轉的次數，亦即平均存貨量在一年內出售的次數，是衡量企業存貨管理的效率。存貨週轉率愈高，表示存貨管理效率愈佳。

(3) **財務結構分析：**

由會計恆等式：資產總額＝負債總額＋股東權益總額

等號左右同除資產總額，得$1=\frac{負債總額}{資產總額}+\frac{股東權益總額}{資產總額}$

A. **負債比率：**

$$負債比率=\frac{負債總額}{資產總額}$$

負債比率是負債佔資產的比率，即企業總資產中有多少比例是以舉債方式取得，可藉此瞭解企業的資本結構。負債比率愈低，則表示公司較少利用財務槓桿；反之，負債比率太高，對債權人較無保障。

B. **權益比率：**

$$權益比率=\frac{股東權益總額}{資產總額}$$

權益比率越高，對債權人越有保障，因為公司有較多的自有資金可承擔負債成本，股東承擔的財務風險越小。

(4) **獲利能力分析：**

A. **純益率：**

$$純益率=\frac{本期淨利(稅後純益)}{銷貨淨額}$$

純益率是最基本的企業獲利能力指標，它用來衡量每一元銷貨金額，可獲得多少淨利。比率愈高表示獲利能力愈佳。

B. **毛利率：**

$$毛利率=\frac{銷貨毛利}{銷貨淨額}$$

銷貨毛利＝銷貨淨額－銷貨成本

毛利率用來衡量每一元銷貨，可獲得多少毛利，它是淨利的基礎。比率愈高表示獲利能力愈佳。

C. **每股盈餘：**

$$每股盈餘=\frac{稅後淨利-特別股股利}{流通在外普通股加權平均股數}$$

每股盈餘（Earnings per share，簡稱EPS）是表示企業為每一普通股所賺取的淨利。用來衡量企業獲利能力及評估股東的投資價值。

D. **本益比：**

$$本益比=\frac{每股市價}{每股盈餘}$$

本益比又稱價格盈餘比率（Price/Earning ratio）本益比是衡量投資人需投資多少才可獲得一元之淨利，亦即為賺得一元盈餘所願支付的代價。本益比愈小，表示企業的獲利能力愈大，投資報酬率也愈高。反之，本益比愈大，則表示持有股票的風險愈高。

三、營運資產管理

企業的營運資產主要包括現金、有價證券、應收帳款、存貨等流動資產。企業是否有效管理營運資產對其營運成果影響甚鉅。

(一) 現金管理

1. **現金的意義：**所謂現金是指現鈔、零用金、即期支票、銀行存款等。是流通性最高，但獲利最低的資產。

2. 企業持有現金的動機：

(1) 交易的動機：經管企業為了應付日常業務活動需要，稱為交易性餘額。

(2) 預防的動機：企業因無法準確掌握現金流入量與流出量時，必須保持一些現金以備不時之需，所準備的安全存量用的現金，稱為預防性餘額。

(3) 投機的動機：企業為了能充分利用隨時出現獲利的機會，所準備的現金，稱為投機性餘額。

(4) 補償的動機：企業向銀行借款時，銀行若要求將借款金額的一部分回存，限制動用，這種餘額稱為補償性餘額或補償性存款，又稱借款回存。

3. 現金管理的原則：

(1) 安全性：防止現金被挪用或竊盜等情事的發生。

(2) 流動性：企業應保有足夠的現金，避免週轉失靈。

(3) 獲利性：避免過多的現金閒置，應有效運用。

4. 提高現金管理效率的方法：

(1) 編製現金預算表：現金預算表是企業在某一特定期間內，預估現金流入量與現金流出量編製的財務報表。

(2) 現金流量管理：

A. 控制現金收支：

- 加速現金投入的方法。
- 延緩現金支付的方法。

B. 維持最低水準的交易性餘額。

(3) 建立現金收支的內部控制制度：
其基本原則包括：

A. 會計與出納的職能分工。

B. 交易分割。

C. 內部稽核。

D. 工作輪調與強迫休假。

(二) 有價證券管理

1. 有價證券的意義：指企業擁有可在短期內可以變現的各種型態之債券憑證（如公債、公司債、國庫券）及權益憑證（如股票）。

2. 企業持有有價證券的動機：企業持有有價證券的主要動機是為了以有價證券作為滿足企業的交易動機、預防動機及投機動機。

3. 有價證券的種類：

(1) 債券：

A. 國庫券（Treasury Securities）：國庫券是政府發行的一種短期債券，期限均在一年之內，分為甲、乙兩種，期限有91天期、182天期及364天期三種。

B. 政府公債：政府公債是政府為了籌措施政建設所需資金而發行的債券憑證，期限較長。

C. 公司債：公司債是企業為了募集營運上所需資金，向社會大眾發行的債券憑證。

(2) 股票：股票是股份有限公司組織的企業發行的股權憑證。

(3) 商業本票（Commercial Paper）：商業本票是指由金融機構或工商企業所發行的一種短期無擔保的本票。

(4) 可轉讓定期存單（Negotiable Certificates of Deposit）：可轉讓定期存單是由銀行簽發，在特定期間內按約定利率支付利息的存款憑證。

(5) 銀行承兌匯票（Bank Acceptance）：銀行承兌匯票是經過銀行承兌的商業票據，期限通常在三十天到六個月，持票人可在匯票到期前，由票券金融公司以貼現方式買入，提前取得資金，為短期信用工具之一。

(三) 應收帳款管理

1. 應收帳款的意義：所謂應收帳款是指企業因賒銷商品或提供勞務給客戶所產生的債權。對企業而言，收取貨款的時間延後減低現金的流入，或遇到信用不佳的客戶，可能會出現呆帳的情形。

2. 企業擬定信用政策之決定因素：

   (1) 信用標準（Credit Standard）：

   A. 品格（Character）：指客戶履行其清償債務的誠意或意願（可能性）。

   B. 能力（Capacity）：指客戶付款能力。

   C. 資本（Capital）：指客戶的財務狀況。

   D. 擔保品（Collateral）：指客戶為了獲得交易的信用，提供給企業作為擔保用的資產。

   E. 經濟情況（Condition）：指足以影響客戶償債能力的一般經濟狀況、產業動態，乃至於政治局勢、法令變遷等。

   (2) 信用期間（Credit Period）：信用期間是指從客戶購貨到支付貨款所經過的多久期間。

   (3) 現金折扣（Cash Discount）：現金折扣是指企業為鼓勵客戶提早付款，所給予客戶的折扣優待。

   (4) 收款政策（Collection Policy）：是指企業為催收過期帳款所採取的政策。

(四) 存貨管理

1. 存貨的意義：存貨係指企業在特定時間所擁有，可供正常營業銷售的貨品。

2. 存貨管理的重要性：存貨數量囤積過多，增加存貨囤積成本；反之，存貨數量過低，可能會喪失銷售良機。

3. 存貨管理的方法：企業存貨管理常用的方法有二種：

(1) ABC分析法：係將存貨按照數量、價值分為A、B、C三大類，根據每項存貨的重要性，採取不同程度的管理。A類的數量少但價值高，則應嚴格盤點，密切控制，遇有缺貨時應快速採購。C類的數量多但價值甚低，則採較為寬鬆的方式管理，企業可大量採購，以降低採購成本，B類則介乎A類與C類之間，企業可以經濟訂購量方式，控管存貨。

(2) 最高最低存量控制法：設定最高及最低存量兩種基準及請購點、請購量兩項輔助基準，以控制存貨數量在一定範圍之內。公式：
最高存量（M）＝請購量（Q）＋安全存量（R2）
＝每日平均耗用量（S）×生產週期時間（T2）＋安全存量（R2）
請購量（Q）＝每日平均耗用量（S）×生產週期時間（T2）
最低存量（M）＝理想最低存量（R1）＋安全存量（R2）
＝每日平均耗用量（S）×購備時間（T1）＋安全存量（R2）
請購點（P）＝最低存量（R）
（亦稱戴維斯法、定量訂購法或ASTM法）

四、籌資

籌資或稱為融資，就是籌措資金，運用外來資金以融通企業所需的資金。依資金使用期間的長短可分為短期融資、中期融資、與長期融資。

(一) 融資的意義：融資是指「資金融通」，資金的供給者和需求者之間，以直接或間接的方式進行有關資金借貸的過程。

(二) 融資的重要性

1. 企業為了維持日常營業活動對資金需求。
2. 企業為了增購原物料或設備，若無足夠資金，就必須尋求外來資金的融通。
3. 企業如果遇見投資良機，利用融資可以提升企業利益。
4. 外部資金可因應緊急需求，協助企業度過這些狀況。

(三) 融資的種類

融資依時間可分為短期融資、中期融資與長期融資，分析如下：

1. 短期融資：短期融資是指須在一年內償還的融資。融資的主要方式有下列幾種：

   (1) 交易信用：或稱商業信用，指企業以賒帳方式向供應商採購並延期付款。又稱為自發性的融資。

   (2) 短期銀行貸款：企業平時應與銀行往來，建立存款實績，以備不時之需，向銀行融通資金。

類型	說明
信用借款	企業以過去的借用紀錄及良好的經營獲利表現可獲得銀行短期資金的融通。
透支	企業如過去的信用良好，在銀行有支票存款帳戶，可與銀行訂立透支契約，銀行同意在約定某一額度內准予透支融通。
抵押（或質押）貸款	指企業提供相當價值的抵押品（動產或不動產）向銀行貸款。
票據貼現	企業可將未到期的客票，以預扣利息方式貼現，獲取資金融通。
發行商業本票	企業可經銀行或信託投資公司保證，由票券金融公司代為發行融資性商業本票，取得短期資金融通。
押匯	可分為進口押匯及出口押匯兩種，進口商以承兌交單（D/A）、付款交單（D/P）或信用狀（L/C）方式，向國外進口原料或商品，而延後付款時間。

2. **中期融資**：中期融資指融資期間在一年以上，七年以下之融資，計有：

銀行中期貸款	中期貸款銀行通常都會要求抵押品，比較重視企業的獲利能力。
租賃融資	企業於租賃契約有效期間內在按期給付租金及不影響所有權下，承租人（企業）仍享有承租物之經濟效益及使用權。
供應商融資	企業因業務需要購置機器設備，可採分期付款的方式。
保險公司的抵押貸款	人壽保險公司以定期方式貸放款項，以有不動產或保單抵押為限。

3. **長期融資**：長期融資是指融資期間在七年以上的融資，其融資方式計有：

(1) 發行普通股：企業籌措資金時可以發行股票向社會大眾募集，股票因股東享有的權利之不同，分為普通股與特別股兩種。
發行普通股來募集資金是企業取得資金最基本的來源。普通股的持有人，即為公司股東，擁有參加股東會、選任或被選任董監事、分配盈餘、分配剩餘財產、優先認購新股及修改公司章程等權益。

A. 發行普通股的優點：

(A) 沒有固定的到期日，資金可以永久使用。

(B) 股利視盈餘而定，企業沒有固定的負擔。

(C) 發行普通增加自有資金，降低負債與淨值的比率，改善企業財務結構，提高信用。

(D) 一般而言，普通股的報酬率較高，比較容易出售。

B. 發行普通股的缺點：

(A) 企業的管理控制權分散。

(B) 普通股的增加會導致每股稅後盈餘（EPS）因股數的增加而降低。

(C) 利用普通股募集資金，無法發揮財務槓桿作用。

(D) 普通股的風險較大，發行成本也較高。

(E) 股利屬於盈餘的分配，無法作費用支出，減少所得稅。

(2) 發行特別股：特別股乃有別於普通股而言，與普通股享受權利不同的股份通稱特別股。企業為迅速取得資金，以優先股利、剩餘財產分派方式所發行的股票。但特別股沒有表決權及董監事的選舉和被選舉的權利。又由於約定條件的不同，又可分為：累積與非累積特別股、參加與非參加特別股，可轉換與不可轉換特別股等六種名稱之特別股。

A. 發行特別股的優點：

(A) 具有優先權利，發行容易，較易籌集資金。

(B) 無固定到期日，資金可供企業永久使用。

(C) 大部分的特別股沒有表決權，不會影響企業的管理權。

(D) 通常只領取固定的股利，企業有鉅額盈餘時，對普通股有利。

(E) 發行特別股不須以資產作抵押，且與發行普通股相同使企業淨值增加，使負債比率降低，可改善財務結構、提高信用評等。

B. 發行特別股的缺點：

(A) 股利為盈餘的分配，無節稅效果。

(B) 特別股大多具累積性，影響普通股股利。

(C) 利用特別股籌集資金，無法發揮財務槓桿作用。

(D) 不能提前贖回。

(3) 發行公司債：公司債是股份有限公司因籌集資金需要，以發行債券方式，透過證券市場，依募集程序，向社會大眾募集債款、所成立的一種金錢債務關係。因此，公司債乃公司為長期融資之需，而承諾於將來每年一定時日無條件支付一定金額（即利息），並於到期日一次或分次交付約定金額（即本金）之債務證券。

A. 發行公司債的優點：

(A) 債權人不能參與企業的經營，不影響企業的管理權。

(B) 債息屬於費用支出，可減輕所得稅負擔。

(C) 以舉債方式籌資，可收財務槓桿之利。

(D) 債權人的獲利性固定、安全性高，籌集資金最為容易，故為企業長期融資的重要方式。

(E) 有時可提前贖回，也可折價發行，資金利用較富彈性。

B. 發行公司債的缺點：

(A) 公司債息為固定負擔，無法償付時，須負法律責任。

(B) 有固定到期日，到期必須償還本金。

(C) 舉債將使負債比率提高，償債能力與信用評等下降，風險因而加大。

(D) 法律上的限制條件較多，如有最高發行額的限制，償債基金的設置等，較容易影響企業的經營。

(4) 保留盈餘：保留盈餘是企業歷年來分派股利時，保留部分盈餘累積之金額，以為日後擴充及週轉之用。企業基於穩健經營以及財務上的需要，在獲利情形良好的年度可加保留盈餘，以作為長期資金的來源之一，是企業所運用的資金中成本最低者。

考前實戰演練

( ) **1** 某公司流動資產為300,000元，存貨150,000元，流動負債120,000元，則該公司的速動比率應為多少？ (A)1.20 (B)1.25 (C)2.0 (D)2.5。 【109年】

( ) **2** 某家小型商店的資產總額是500,000元，負債總額是300,000元，業主資本是150,000元，則可以推估本期淨損益是多少？
(A)淨利200,000元 (B)淨利50,000元
(C)淨損200,000元 (D)淨損50,000元。 【109年】

( ) **3** 企業以發行股票做為長期融資方式，下列有關發行普通股和特別股股票之敘述，何者有誤？ (A)發行普通股和特別股股票，都可以發揮財務槓桿作用 (B)發行普通股股票，每股盈餘將因股數增加而降低 (C)特別股股東無表決權，不影響企業營運 (D)特別股股東有優先分配股利的權利。 【109年】

( ) **4** 某上市公司與其產業平均的經營比較分析圖如圖。根據圖表，關於該公司的敘述何者錯誤？ (A)總資產週轉率應高於同業平均 (B)總資產報酬率應高於同業平均 (C)權益比率應與同業平均相當 (D)流動比率應高於同業平均。 【108年】

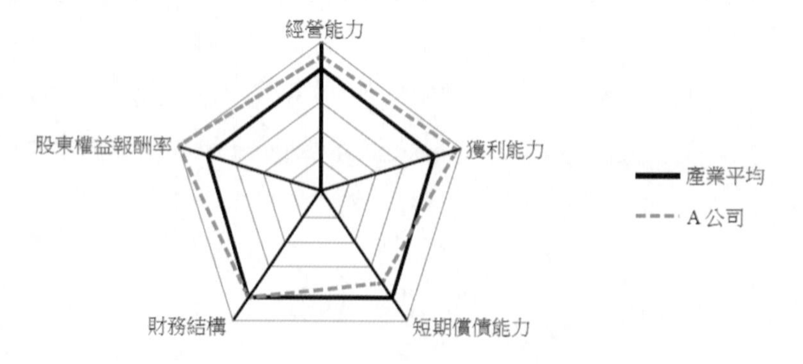

▲閱讀下文，回答第5–6題

某公司2015–2018年的精簡財務資訊如下表，請回答下列問題：

項目	2015年	2016年	2017年	2018年
流動比率	2.5	2.0	1.5	1.0
速動比率	1.4	1.2	0.8	0.5
純益率（%）	20	24	26	38
每股市價（元）	48	45	42	60
每股盈餘（元）	3	3	3	5

(　) **5** 該公司何年的償債能力最差？何年的獲利能力最好？ (A)2018、2018 (B)2016、2017 (C)2017、2018 (D)2015、2018。【108年】

(　) **6** 該公司在2015–2018年期間，何年的本益比最高？ (A)2015 (B)2016 (C)2017 (D)2018。【108年】

(　) **7** 臺灣電子大廠為增加競爭力與擴充市場，決議籌集長期資金供海外設廠之用。請問下列何者屬於長期資金？ (A)保留盈餘 (B)資本租賃 (C)應收票據貼現 (D)發行商業本票。【107年】

(　) **8** 某汽車電子公司105年及106年的財務資料如下表所示。下列敘述何者錯誤？ (A)該公司的短期償債能力有減弱現象 (B)該公司以自有資金經營的比重有增加之趨勢 (C)該公司的獲利能力有減弱現象 (D)該公司的資產運用效率有改善現象。【107年】

比率項目	105年度	106年度
流動比率	203.00%	181.00%
負債比率	62.04%	45.23%
毛利率	47.67 %	35.46 %
總資產週轉率	1.38	1.04

考前實戰演練

( ) **9** 楊總財務長為A集團內的重要核心主管，舉凡該集團各項投資決策，如購併其他企業、公司擴廠、投資新的事業等，皆由她運籌帷幄，下列何者不屬於她直接負責的工作範圍？ (A)財務規劃 (B)資金籌措 (C)財務控制 (D)生產效益。 【106年】

( ) **10** 公司銷貨收入$200,000元，毛利率40%，期末存貨$10,000元，期初存貨$30,000元，則存貨週轉率為何？ (A)4次 (B)5次 (C)6次 (D)7次。 【106年】

( ) **11** 有關企業融資，下列敘述何者錯誤？ (A)發行十年期公司債，會提高公司的負債比率 (B)發行普通股，會有降低每股盈餘的效果 (C)發行特別股，會造成公司經營管理權的分散 (D)發行十年期公司債，具有節稅效果。 【106年】

( ) **12** 媒體報導台灣股市目前面臨嚴重的低本益比危機，對經濟造成不利影響。下列有關本益比的敘述，何者正確？ (A)可用來衡量股東投資的獲利能力 (B)本益比愈大，表示企業未來成長性愈高 (C)本益比愈大，表示投資人成本愈低 (D)各產業的本益比不會相差太大。 【105年】

( ) **13** 某國內知名企業為增加其競爭優勢而購併國外知名廠商，該企業除了在國內發行普通股外，亦在國外發行十年期有擔保公司債，以順利籌募所需資金，下列有關融資之敘述何者正確？ (A)兩者皆屬於長期資金 (B)兩者皆屬於自有資金 (C)兩者皆可發揮財務槓桿作用 (D)兩者皆不會造成公司股權分散。 【105年】

( ) **14** 下列有關企業融資方式的敘述，何者錯誤？ (A)保留盈餘為短期融資方式 (B)發行商業本票屬於短期融資方式 (C)應收票據貼現為短期融資方式 (D)租賃融資為中期融資方式。 【105年】

( ) **15** 某公司預定進行一項長期投資的融資專案，其償還期間預計為15年，則該公司最不適合以下列何種方式籌措所需之資金？ (A)信用貸款 (B)可轉換公司債 (C)保留盈餘 (D)特別股。 【104年】

(　　) **16** 李曉溫是某公司的財務主管，她目前正針對公司現有的現金及有價證券、應收帳款與存貨量的多寡等進行盤點與瞭解，請問她最有可能正在進行何種財務管理的工作？ (A)財務規劃 (B)營運資產管理 (C)財務控制 (D)資金籌措。 【104年】

(　　) **17** 某家製藥A公司的財務比率與同業相比如下表所示，請問下列選項何者正確？ (A)A公司短期償債能力比同業好 (B)A公司比同業更能有效控制存貨 (C)A公司本益比高於同業，代表投資風險較低 (D)A公司總資產運用效率比同業差。 【104年】

	流動比率	存貨週轉率	銷貨毛利率	本益比	總資產週轉率
A公司	2	3	28%	25	120%
同業	2.8	2.2	20%	20	90%

(　　) **18** 請問「薄利多銷」這項經營概念可以提升公司績效的原因為何？ (A)提高資產週轉率 (B)提高流動比率 (C)提高毛利率 (D)提高應收帳款週轉率。 【103年】

(　　) **19** 企業經營時會保有一定的現金量，下列何者不是企業日常持有現金的主要目的？ (A)為滿足企業營運所需 (B)為支付公司債到期所需 (C)為掌握有利可圖的投資機會 (D)為補償銀行提供額外服務所需。 【103年】

(　　) **20** 有關財務比率分析的敘述，下列何者正確？ (A)應收帳款週轉率愈高，表示企業的收款能力愈佳 (B)負債比率愈高，表示企業破產風險愈低 (C)流動比率愈大，表示企業短期償債能力愈弱 (D)總資產報酬率愈高，表示企業投資的效益愈低。 【103年】

(　　) **21** 對於長期融資的敘述，下列何者正確？ (A)發行特別股募集資金可避免管理權分散 (B)企業發行的普通股有固定發放股利的負擔 (C)普通股股東對於盈餘的分配優先於特別股 (D)公司債的發行成本較特別股與普通股高。 【102年】

( ) **22** 大東企業100年度銷貨淨額為$5,000,000元，期初應收帳款為$1,100,000元，期末應收帳款為$900,000元，稅前淨利為$300,000元，企業所得稅為$50,000元，利息費用為$20,000元，下列該公司當年度的各項財務比率何者正確？ (A)「應收帳款週轉率」為5.56次 (B)「純益率」為6% (C)「應收帳款週轉率」為5次 (D)「純益率」為5.6%。 【102年】

( ) **23** 企業經營時會保有一定的現金量，以下何者不是企業日常持有現金的主要目的？ (A)為滿足企業營運所需 (B)為支付公司債到期所需 (C)為掌握有利可圖的投資機會 (D)為補償銀行提供額外服務所需。

( ) **24** 下列何者屬於利用自有資金（內部資金）的長期資金籌措方式？ (A)保留盈餘轉增資 (B)利用應收票據貼現 (C)發行公司債 (D)交易信用。

( ) **25** 以下何者不屬於短期融資？ (A)賒購 (B)股票 (C)信用貸款 (D)押匯。

( ) **26** 有關財務比率的敘述，下列何者正確？ (A)酸性測驗比率愈大表示企業短期償債能力愈強 (B)利息保障倍數愈高表示債權人受保障程度愈高 (C)ROA意指總資產週轉率 (D)毛利率=稅後淨利÷銷貨淨額。

( ) **27** 下列有關財務比率的敘述，何者錯誤？ (A)權益比率、負債比率，可用以衡量企業財務結構 (B)總資產週轉率、存貨週轉率，屬於獲利能力指標 (C)營業比率屬於經營能力指標 (D)利息保障倍數可用以衡量企業償還能力。

( ) **28** 下列何者屬於財務管理的目的？ (A)減少獲利 (B)提高行銷效率 (C)降低風險 (D)提高員工忠誠度。

( ) **29** 企業因缺乏資金而無法購置機器設備，轉而以定期支付費用，向出租人承租以取得使用權的融資方式為 (A)銀行中期貸款 (B)保險低押貸款 (C)透支貸款 (D)租賃融資。

( ) **30** 某公司的期初存貨為50萬、期末存貨為10萬、銷貨收入為120萬、銷貨退回與折讓為10萬、銷貨成本為60萬。試問存貨週轉率應為多少？ (A)1.3 (B)3.6 (C)4 (D)2。

( ) **31** 下列哪一種籌資方式，可能降低企業的償債能力與評價？ (A)抵押貸款 (B)發行特別股 (C)保留盈餘

( ) **32** 真善美公司在105年底的流動資產共計3,000,000元，流動負債共計1,000，000元，存貨金額為500,000元，預付款項為200,000元，應付費用為300,000元，則真善美公司的流動比率與速動比率分別為 (A)流動比率是3，速動比率是2 (B)流動比率是2.3，速動比率是3 (C)流動比率為3，速動比率為2.3 (D)流動比率是2，速動比率是3。

( ) **33** 下列有關存貨控制的敘述，何者錯誤？ (A)最高最低存量控制法中的最高存量是指安全存量與前置時間耗用量之和 (B)定量訂購制又稱為戴維斯法 (C)ABC存貨分析法中，C類存貨為數量很大，但金額甚小的存貨 (D)存貨存量過少，有可能發生停工待料的情形。

( ) **34** 企業的現金管理原則不包括下列哪一項？ (A)獲利性 (B)流動性 (C)無形性 (D)安全性。

( ) **35** 下列有關公司債的敘述何者正確？ (1)公司債的利息費用具有節稅效果；(2)發行公司債無法發揮財務槓桿作用；(3)公司債是企業長期籌資的主要來源；(4)公司債沒有固定到期日。 (A)(1)(2)(3)(4) (B)(1)(3) (C)(1)(2)(4) (D)(2)(3)。

( ) **36** 某國內知名企業為增加其競爭優勢而購併國外知名廠商，該企業除了在國內發行普通股外，亦在國外發行十年期有擔保公司債，以順利籌募所需資金，下列有關融資之敘述何者正確？ (A)兩者皆屬於長期資金 (B)兩者皆屬於自有資金 (C)兩者皆有發揮財務槓桿作用 (D)兩者皆不會造成公司股權分散。

( ) **37** 下列屬於經營能力分析指標的有哪些？ (1)存貨週轉率；(2)總資產報酬率；(3)營業比率；(4)利息保障倍數；(5)應收帳款週轉率。(A)(1)(2)(4) (B)(2)(4)(5) (C)(1)(3)(5) (D)(1)(3)(4)(5)。

( ) **38** 以下敘述何者正確？ (1)純益率為企業獲利能力之衡量指標；(2)純益率表示企業平均銷售一元商品，所能賺得的稅後淨利；(3)純益率＝稅後淨利÷銷貨淨額；(4)純益率愈高愈好。(A)(1)(2)(3)(4) (B)(1)(2)(3) (C)(1)(2)(4) (D)(1)(3)(4)。

( ) **39** 在ABC存貨控制法中，銷售項數少、價值高之存貨應歸屬為哪一類？ (A)A類 (B)B類 (C)C類 (D)D類。

( ) **40** 由政府部門發行的債務憑證是 (A)承兌匯票 (B)可轉讓定期存單 (C)國庫券 (D)商業本票。

( ) **41** 有關企業融資，下列敘述何者錯誤？ (A)發行十年期公司債，會提高公司的負債比率 (B)發行普通股，會有降低每股盈餘的效果 (C)發行特別股，會造成公司經營管理權的分散 (D)發行十年期公司債，具有節稅效果。

( ) **42** 企業進行財務規劃時，事先考慮產品銷售數量及預估市占率的做法，是考量下列哪一項因素？ (A)市場因素 (B)生產因素 (C)資金因素 (D)緊急應變計畫。

( ) **43** 下列哪種情況表示公司的財務狀況不佳？ (A)速動比率低 (B)存貨週轉率高 (C)負債比率低 (D)純益率高。

(　　) **44** 下列何者不是財務管理的主要目的？　(A)提升企業的獲利能力　(B)保持財務的週轉能力　(C)保持企業的償債能力　(D)評估產品的銷售管道。

(　　) **45** 企業在一年內或一個營業週期內可變換為現金、可出售的資金，稱為　(A)固定資產　(B)中期資產　(C)流動資產　(D)非流動資產。

(　　) **46** 顧客承諾履行其付款義務的可信度，屬於信用五C中的哪一項因素？　(A)顧客的品德　(B)顧客的能力　(C)顧客的資本　(D)經濟環境。

(　　) **47** 下列何者不屬於中期融資的方式？　(A)租賃融資　(B)保險公司抵押貸款　(C)票據貼現　(D)銀行二年期抵押貸款。

Chapter 09

商業法律

一、政府法規的認識

商業行為的法律規範可區分成智慧財產權與企業營運相關的法規含公平交易法、消費者保護法、職業安全衛生法、個人資料保護法、食品安全衛生管理法及商品標示法等。

(一) 智慧財產權

1. 智慧財產權的意義：以智慧財產權之保護法所規定的保護要件，就構成智慧財產權。

2. 智慧財產權的目的：智慧財產權制定的目的是為了保護人類精神活動成果，而創設出各種權益或保護的法律規定。

3. 智慧財產權的特性：

   (1) 獨占性：智慧財產權是保護相關權利人所專有，只有創作發明人或權利所有人才能夠行使或使用智慧財產權。

   (2) 無形性：保護的客體並沒有一定的有形物體，單純屬於一種法律上的抽象概念。

   (3) 時間性：為了促進經濟發展，智慧財產權有一定的期限。

   (4) 地域性：智慧財產權人能否享有智慧財產權、期間長短、有無侵害情形，均應依主張權利時所在地之法律定之。

   (5) 國際化：為統一各國智慧財產權之保護標準，國際間均努力透過多邊協商與談判，建立一致性遵行的國際智慧財產權法制。

4. 智慧財產權所保障的範圍：

   (1) 小說。 (2) 攝影。 (3) 音樂。

   (4) 繪畫。 (5) 作曲。

5. 智慧財產權的登記申請：商標權和專利權。

我國智慧財產權的規範大致上可分為商標權、專利權、著作權及營業秘密，以下分別說明之：

(二) 智慧財產權－商標權

1. 何謂商標：商標是呈現一個企業的產品或服務，讓消費者產生印象的顯著標記。

2. 商標的樣式：

   文字、顏色、圖形及立體形狀皆可做為商標樣式。

3. 商標的種類：

商品商標	企業為彰顯其商品或服務之來源，使消費者可以明顯區別產生印象的顯著標記。
證明標章	提供知識或技術，以證明他人商品或服務之特性、品質或其他事項。
團體標章	團體標章的功能是表彰團體或其會員身份，與商品或服務相關的商業活動並無直接關係。
團體商標	團體成員為了與他人所提供之商品或服務相區別，得申請註冊為團體商標。

4. 商標權的申請：申請商標核准後，自註冊日起，註冊人取得商標專用權。

5. 商標的期限：權利人自註冊日起算，專用期間為十年。商標權人於專用屆滿期間前後六個月內，得申請延展，每次延展以十年為限。

6. 侵害他人的商標權：須負擔民事責任或刑事責任。

實例

小張自行創業想要開一家炸雞店，心想「肯德基」炸雞店很有知名度，不如就用它的招牌同時也取名為「肯德基」，這樣連廣告費都可以省了。請問小張違反了甚麼法律？

解說 未得商標權人同意，視為侵害商標權。

(三) 智慧財產權─專利權

1. 何謂專利權：當新商品或技術被發明出來之後，該發明創作人向相關機關申請專利權，經審查通過後授予該權利。

2. 專利的申請要件：產業利用性、新穎性及進步性。

3. 專利的種類和期限：

專利的種類	內容	期限
發明專利	利用自然法則之技術思想之創作。	自申請日至20年屆滿
新型專利	利用自然法則之技術思想，對物品之形狀、構造或裝置之創作。	自申請日至10年屆滿
設計專利	指對物品之形狀、花紋、色彩或其結合，透過視覺訴求之創作。	自申請日至15年屆滿

4. 專利的申請：申請人向經濟部智慧財產局提出申請。

5. 侵害專利之法律責任：侵害他人專利權須負民事責任，但無刑事責任。

(四) 智慧財產權─著作權

1. 著作財產權的範圍：

(1) 重製權。 (2) 改作權。 (3) 公開播送權。

2. 著作人：受雇人於職務上完成之著作，以該受雇人為著作人。但契約約定以雇用人為著作人者，從其約定。

3. 著作人格權：

(1) 著作人就其著作享有公開發表之權利。

(2) 著作人享有禁止他人以歪曲、割裂、竄改或其他方法改變其著作之內容、形式或名目致損害其名譽之權利。

(3) 著作人死亡或消滅者，關於其著作人格權之保護，視同生存或存續，任何人不得侵害。

(4) 著作人格權，不得讓與或繼承。

4. 著作財產權：

(1) 製作完成後，不需向政府單位申請登記。

(2) 著作財產權之存續期間：著作人之生存期間及其死亡後五十年。

(3) 著作財產權之讓與：著作財產權得全部或部分讓與他人或與他人共有。

(4) 侵害他人的著作權：須負擔民事責任或刑事責任。

實 例

小李從事運動鞋代購，為了降低成本從中國進口非正版的NB牌運動鞋，為了魚目混珠從商品之描述、廣告、網頁設計完全抄襲NB官網的內容。請問小李違反了甚麼法律？

解說 商品之描述、廣告、網頁設計不得抄襲他人著作，否則就侵犯他人之智慧財產權、著作權、專利權以及其他權利。

(五) 營業秘密

立法目的：為保障營業秘密，維護產業倫理與競爭秩序，調和社會公益利益，特制定本法。

1. 何謂營業秘密：係指方法、技術、製程、配方、程式、設計或其他可用於生產、銷售或經營之資訊。

2. 營業秘密的符合要件：

(1) 非一般涉及該類資訊之人所知者。

(2) 因其秘密性而具有實際或潛在之經濟價值者。

(3) 所有人已採取合理之保密措施者。

3. 侵害營業秘密的行為：

(1) 以不正當的方法取得營業秘密者。

(2) 知悉或因重大過失而不知其為前款之營業秘密，而取得、使用或洩漏者。

(3) 取得營業秘密後，知悉因重大過失而不知其為第一款之營業秘密，而使用或洩漏者。

(4) 因法律行為取得營業秘密，而不正當的方法使用或洩漏者。

(5) 依法令有守營業秘密之義務，而使用或無故洩漏者。

4. 因故意或過失不法侵害他人之營業秘密者，負損害賠償責任。損害賠償請求權，自請求權人知有行為及賠償義務人時起，二年間不行使而消滅。

實 例

一名台灣高科技晶圓廠技術部門主管，離職後跳槽至中國同性質公司任職，協助興建晶圓廠，沒想到遇到瓶頸，竟聯繫昔日公司同事，違法下載重製或以拍攝的方式，將公司列為機密資訊的製程、作業程序、機台佈局等營業秘密違法洩漏，致生損害於公司。請問該部門主管他違反那一項法律？

解說 違反營業秘密法。

(六) 公平交易法

立法目的：為維護交易秩序與消費者利益，確保自由與公平競爭，促進經濟之安定與繁榮，特制定本法。

1. 限制價格：針對獨占之事業與事業的聯合行為予以規範。

   獨占之事業，不得有下列行為：

   (1) 以不公平之方法，直接或間接阻礙他事業參與競爭。

   (2) 對商品價格或服務報酬，為不當之決定、維持或變更。

   (3) 無正當理由，使交易相對人給予特別優惠。

   (4) 其他濫用市場地位之行為。

   事業不得為聯合行為，所謂的聯合行為，指具競爭關係之同一產銷階段事業，以契約、協議或其他方式之合意，共同決定商品或服務之價格、數量、技術、產品、設備、交易對象、交易地區或其他相互約束事業活動之行為，而足以影響生產、商品交易或服務供需之市場功能者。

2. 不公平競爭：事業不得在商品或廣告上，或以其他使公眾得知之方法，對於與商品相關而足以影響交易決定之事項，為虛偽不實或引人錯誤之表示或表徵。

(七) 消費者保護法

立法目的：為保護消費者權益，促進國民消費生活安全，提昇國民消費生活品質，特制定本法。

1. 消費者權益：制定與消費者行為有關的健康與安全保障、定型化契約、特種交易、消費資訊之規範等權益事項。

2. 消費者保護團體：規範消費者保護團體成立條件、宗旨與任務。

3. 消費爭議之處理：申訴與調解、消費訴訟。

實例1

某五星級旅館的訂房網站將豪華房型一晚一萬五千元，標價錯誤為一千五百元，結果引來一群消費者大量訂購撿便宜，不久該訂房網站立即關閉，請問該飯店標錯價格的訂單是否形同契約成立？

解說 「零售業等網路交易定型化契約應記載與不得記載事項」應記載事項第五條確認機制：消費者依據企業經營者提供之確認商品數量及價格機制進行下單。企業經營者對下單內容，除於下單後二工作日內附正當理由為拒絕外，為接受下單。但消費者已付款者，視為契約成立。

實例2

小陳開了一家網路商店銷售運動鞋，買家收貨後隔天就以尺碼不符申請退貨，小陳回覆買家認為尺碼是買家自己選的，所以打算不接受退貨申請。請問小陳是否應接受買家退貨？

解說 小陳應接受買家退貨依消費者保護法第十九條第一項：

郵購或訪問買賣之消費者，對所收受之商品不願買受時，得於收受商品後七日內，退回商品或以書面通知企業經營者解除買賣契約，無須說明理由及負擔任何費用或價款。

(八) 個人資料保護法

立法目的：為規範個人資料之蒐集、處理及利用，以避免人格權受侵害，並促進個人資料之合理利用，特制定本法。

1. 當事人就其個人資料依本法規定行使之權利，不得預先拋棄或以特約制之。
2. 個人資料之蒐集、處理或利用，應尊重當事人之權益，依誠實及信用方法為之，不得逾越特定目的之必要範圍，並應與蒐集之目的具有正當合理之關聯。

實例

小王開一家服飾店，他將該服飾店的會員資料複製一份交給他的同業使用。請問小王違反了甚麼法律？

解說 違反了個人資料保護法。

(九) 職業安全衛生法

立法目的：為防止職業災害，保障工作者安全及健康，特制定本法；其他法律有特別規定者，從其規定。

1. 雇主使勞工從事工作，應在合理可行範圍內，採取必要之預防設備或措施，使勞工免於發生職業災害。
2. 雇主應依其事業單位之規模、性質，訂定職業安全衛生管理計畫；並設置安全衛生組織、人員，實施安全衛生管理及自動檢查。

(十) 食品安全衛生管理法

立法目的：為管理食品衛生安全及品質，維護國民健康，特制定本法。

主要是針對食品安全風險管理、食品業者衛生管理、食品衛生管理、食品標示及廣告管理、食品輸入管理、食品檢驗、食品查核及管制等項目予以規範。

(十一) 商品標示法

立法目的：為促進商品正確標示，維護企業經營者信譽，並保障消費者權益，建立良好商業規範，特制定本法。

1. 商品標示，應具顯著性及標示內容之一致性。
2. 商品標示，不得有下列情事：(1)虛偽不實或引人錯誤。(2)違反法律強制或禁止規定。(3)有背公共秩序或善良風俗。

二、政府法規對企業的影響

(一) 法規對企業的影響

政府與企業的關係是相當緊密的，政府的規劃及方向、各項法律的增設、修改及調整等，每一項措施對企業經營都有著很大的影響。以下分三個層面來說明政府法規對企業經營的衝擊。

1. 直接性

政府的法規直接影響著企業的經營狀況。

(1) 限制性：政府的法規直接約束企業的經營狀況。

例如：「勞工退休金條例」規定：雇主應為勞工負擔提繳之退休金，不得低於勞工每月工資百分之六。該規定將使企業的人事成本提高。

(2) 擴張性：政府為了促進經濟成長、產業升級或獎勵特定產業，進而制定相關法令。

例如：政府在1960年至1990年推動的「獎勵投資條例」以獎勵包括製造業、手工藝業、礦業、農林漁畜業、運輸業等，主要目的在於提高我國的產品自製率。

2. 不可逆轉性

政府法令一旦影響到企業，就會使企業發生十分迅速和明顯的變化，而這一變化企業是駕馭不了的，或許目前政府法令並不符合時宜，無法因應現代化商業潮流所需，使得企業的發展受到限制。但在法令未修正前仍須遵守，即「惡法亦法」。

例如：工商時報（2020/09/18）；金管會對於不合時宜或重複的金融法規，將其停止適用，或簡化、整合，將有利業者法令遵循。對於金融數位現代化需求，金管會強調也會檢視現行法令與實務的落差，增定或修正條文，使法令具現代化意義，提升遵法的效能。

3. 難以預測性

政府法令的修訂會對企業經營產生影響，其程度無法預測，故企業須時時注意政策的變更，調整經營方向。對於企業來說，很難預測政府法規的變化趨勢。

例如：「勞動基準法」規定的最低基本工資是由基本工資審議委員會擬定，每年皆調整基本工資，企業無法預測次年度的調整幅度為何。

(二) 企業倫理

1. 企業中不道德行為對經營影響：

常見的企業不道德行為，舉例如下：

(1) 生產或銷售黑心產品。

(2) 做不實的廣告。

(3) 聯合其他業者制定統一的價格以控制市場。

(4) 囤積貨物以哄抬價格。

(5) 提供不實的財務報表。

(6) 淘空公司資產剝奪股東財富。

(7) 勾結利誘廠商或政府官員。

(8) 侵犯他人的智慧財產權。

(9) 生產過程造成污染環境。

員工不道德行為，舉例如下：

(1) 員工在工作上違反僱傭關係的契約，未盡工作職責。

(2) 利用職務上的方便，公器私用，侵占公司資產。

(3) 員工在公司內為私利而做出不道德的行為。

(4) 員工與顧客交易時，利用欺騙的手段來促成交易，以圖利個人。

(5) 員工以賄賂的手法為公司或個人獲取不正當的利益。

2. 企業倫理的意義：企業倫理是指經營企業時應該遵守的準則。企業在追求利潤的同時，必須兼顧消費者、員工、供應商、社區等相關者的利益，與環境的保護，以落實企業的社會責任。

(1) 對於消費者：企業有責任製造安全、可信賴及高品質的產品，提供完整而正確的產品資訊，做誠實的廣告行銷等。此外，若接到消費者的抱怨或投訴，應負起責任，採取適當的處理措施。

(2) 對於員工：現代企業除了遵守法律上所保障的工作時數、最低薪資與組織工會的權利外，更應提供員工安全、健康、平等的工作環境，以及教育訓練補助、生涯發展的協助等。

(3) 對於社會：企業在追求利潤的同時，應該重視對環境的保護，例如：降低對空氣、河川等造成的汙染，以免讓社會大眾承擔更大的外部成本。此外，企業不僅是繁榮經濟的促進者，更應該扮演幸福社會的回饋者，例如：扶助弱勢族群、贊助教育、文化活動等，對社會投注更多的關懷。

3. 企業倫理的規範

內部倫理：企業內部倫理所規範的對象包括員工與供應商。

(1) 企業對於員工要能提供合理的工作條件。

(2) 企業要對員工教育訓練，提升員工的技能與知識。

(3) 企業依員工能力與貢獻，給員工公平的報酬與升遷。

(4) 企業必須妥善處理員工問題。

(5) 企業應遵守與供應商所訂的契約，在互信基礎下創造雙贏。

(6) 企業應選擇善盡社會責任的供應商合作。

外部倫理：企業外部倫理所規範的對象包括股東、消費者、競爭者與社會。

(1) 企業應為股東謀求最大利益。

(2) 企業經營合乎法律與道德規範，以維護股東權益。

(3) 企業應即時提供正確的營運資訊，使股東掌握經營概況。

(4) 企業所生產的產品或提供的服務要能滿足消費者的需求。

(5) 企業應以誠信原則提供消費者所需產品與服務

(6) 企業對於消費者的意見，要積極解決產品問題。

(7) 企業不與競爭者惡意削價競爭、散播不實謠言、惡性挖角、竊取商業機密、侵權，以維護公平競爭的環境。

(8) 企業應參與社區活動，促進社區發展。

(9) 企業應重視社會公益，回饋社會。

(10) 企業應謀求發展與環境保護之間的平衡，追求永續經營。

4. 企業倫理行為的衡量

(1) 員工是否被公平地對待，當員工被不公平對待時，對組織的忠誠度亦會隨之降低。反之，若組織公平地對待員工，不僅提高員工的工作品質，更可以提高員工的忠誠度。

(2) 企業必須建立一個正直的價值觀，才可能成為一個負責任的企業，而企業要防範員工的不倫理行為，則應建立誠信的組織文化，以降低企業發生有違正直行為的可能性。

(3) 對專業工作執著的態度，包含對工作抱持的態度、知識的充實與對專業性的執著程度。

(4) 價值觀建立，受到父母、老師、朋友及其他人的影響，當接觸到其他價值觀後，可能改變一些先前所建立的觀念，以融入團體或為團體所接受，當個人價值觀與其組織的價值觀有所衝突時，行為的表現方式取決於個人對組織的忠誠及組織對員工的忠誠。

5. 企業倫理的主要措施

(1) 創造組織價值與利潤、提升企業形象、增進員工工作與生活的品質，對消費者與社會負責任等觀念。

(2) 管理人員承擔道德責任者的職責，明確向員工傳達公司的道德準則，糾正不道德的行為。

(3) 領導者以實際行動證明所確定的倫理準則，對下屬和員工發揮示範作用。

(4) 透過對員工教育提高對倫理管理重要性的認識，加強對企業倫理的認知轉化為行動。

三、電子商務的法律議題

(一) 電子商務的意義：電子商務（e-commerce）是公司或網站的提供以進行或促進產品與服務的線上銷售。電子商務的興起已轉成電子採購與電子行銷。

1. 傳統廠商網路化：傳統廠商增加線上網站來進行資訊傳遞或電子商務者稱為傳統廠商網路化。

線上業務會與零售商、代理商相競爭，就是會和零售業者、代理商、與自己的店面競爭。

2. **網路化的優勢：**

(1) 有較佳的品牌知名度，取得新顧客的成本較低。

(2) 公司有較佳的財務資源，易於募得資金。

(3) 有深入的產業知識、經驗，與重要供應商關係良好，且有大量顧客基礎。

(4) 顧客可以時時刻刻上門，不受限於過去的早上9點到下午5點。

(5) 網路使他們可以接觸並服務離店址遠的其他客人。

(二) 電子商務的法律議題

1. **資訊科技的安全議題：**一些常見對資訊科技安全有所危害的相關因素包括以下：

(1) **駭客：**駭客（hackers）是網路上的虛擬罪犯，他們非法侵入網絡與電腦，來偷取資訊（如個人資料或借用資料）、金錢、財產，或是直接篡改資料。

(2) **偷竊：**在商場上，偷竊還可能包括產品資訊、公司機密計畫、智慧財產，以及其他一些具有商業價值的資訊或知識。

(3) **惡意程式：**一些入侵的惡意程式可以摧毀軟體、硬體，以及資料檔。病毒（viruses）、蠕蟲（worms），和木馬程式（Trojan-horses）是常見的三種惡意程式。電腦病毒常存於檔案中，透過檔案或程式共用，以及成為電子郵件附件來傳佈到其它的電腦。可以耗損電腦的記憶空間，並關閉網路伺服器，以及導致個人電腦當機。木馬程式大都不會自行複製，但可能會刪除你的電腦檔案或是摧毀重要資訊。

(4) **間諜程式：**間諜程式通常是被電腦用戶下載，常附隨在免費的軟體。一旦進入，它可以監控你電腦的活動、搜集電子郵件的地址，信用卡資料、密碼，以及其它內部資料，並將這些資料傳遞給某些特定的偷竊者。

(5) **垃圾郵件：**垃圾郵件將很多不需要的訊息傳遞給一大堆的電子郵件用戶，包括色情圖片、惡意信件以及廣告，甚至摧毀信的病毒。

(三) 電子商務的法律規範

1. **與金融相關的法制問題**：如電子簽章法、信用卡定型化契約範本、營業稅法、關稅法。

2. **與商業相關的法制問題**：如公平交易法、消費者保護法、物流中心貨物通關辦法、通關網路經營許可及管理辦法。

3. **與知識產權相關的法制問題**：如著作權法、商標法、網域名稱爭議處理辦法等。

4. **與資訊相關的法制問題**：如電信法、刑法、民法、電腦處理個人資料保護法。

(四) 防護機制：為了維護資訊安全，企業必須設置一些防護機制，來防範下列不法行為：

1. **防止非法侵入**：防火牆常設在兩個網絡（例如網際網路和企業網絡）交接之處。只有符合安全政策的資訊才被允許進入，其他資訊則被阻擋在防火牆之外。

2. **防止偷竊**：企業應該設立機制來及時銷毀相關的機密資料，以免被盜用。例如，顧客所輸入的重要資料或密碼，應在使用或確認後立即銷毀。

3. **防範病毒**：防毒軟體可以搜尋進入電腦的郵件和資料檔是否夾帶病毒，而一旦發現感染的檔案則很快地將其刪除或放入病毒監管所中。

4. **保護電子溝通**：透過加密軟體，可以在郵件中加入安全防範，使得只有收件人才能打開該郵件，以避免郵件內容外洩。

5. **防範間諜程式與垃圾郵件**：企業常加裝反間諜程式與垃圾郵件過濾程式，來防範間諜程式與過濾垃圾郵件，以避免私密資料外洩和提高生產力。

考前實戰演練

( ) **1** 依照營業秘密法規定：營業秘密須同時符合哪些要件？(1)非他人所知；(2)普及性；(3)具經濟價值；(4)合理保密措施 (A)(1)(2)(4) (B)(1)(2)(3) (C)(1)(3)(4) (D)(2)(3)(4)。【109年】

( ) **2** 就企業倫理規範之分類與內涵而言，下列哪一種企業行為侵犯到內部利害關係人的權益？ (A)廣告不實、生產黑心產品 (B)侵犯其他廠商的智慧財產權 (C)勾結賄賂官員逃漏稅 (D)工作環境不安全。【109年】

( ) **3** 簡同學因上完體育課流汗衣服髒臭，再加上一直都是騎自行車通勤上學，因此想到以自行車洗衣的方式。在師長們的協助下完成了自行車洗衣裝置，利用車輪帶動槽身旋轉的技術方法來清洗衣物，作品不但在2018德國紐倫堡國際展獲得銀牌，更申請專利獲准。下列關於其專利的敘述何者正確？ (A)屬於設計專利，專利權期限自申請日起算20年屆滿 (B)屬於設計專利，專利權期限自申請日起算12年屆滿 (C)屬於新型專利，專利權期限自申請日起算12年屆滿 (D)屬於發明專利，專利權期限自申請日起算20年屆滿。【108年】

( ) **4** 下列敘述何者錯誤？ (A)「公司要求經銷商不得從事網路銷售，否則將撤銷其經營權」可能違反了限制競爭或妨礙公平競爭的行為 (B)「使用他人商標作為網域名稱搶註冊，導致消費者產生混淆」可能違反了商標侵權 (C)「透過公開的招聘競爭對手員工來獲取技術知識資訊」可能侵犯了智慧財產權，但不屬於不道德行為 (D)「企業經營者為了獲取利益，以不正確或不完全的資訊造成他人誤解而交付財物」之行為，可能屬於詐欺。【108年】

( ) **5** 下列何種行為侵犯了著作權法？ (1)為回饋社會將院線熱播電影分享到公共網站；(2)為節約資源向好友借教科書整本複印；(3)將

政府公告的行事曆影印後送給好朋友使用參考；(4)將買來未綁帳號的單機正版軟體光碟借給朋友安裝使用；(5)考前將考試範圍內的民法條文貼到line群組供大家參考 (A)(1)(2)(4) (B)(1)(2)(5) (C)(1)(2)(3)(4) (D)(1)(2)(4)(5)。【108年】

( ) **6** 某主管未經任職公司許可，擅自將服務公司的技術資料下載到個人的儲存裝置，並在後來跳槽至競爭對手處服務，此舉違反了下列何種法律？ (A)營業秘密法 (B)公平交易法 (C)商標法 (D)消費者保護法。【107年】

( ) **7** 下列何者不屬於企業的不道德行為？ (A)某新進公司拒絕同業共同協商產銷秩序的請求，堅持單獨定價，破壞價格協議 (B)衛生紙業者預期產品近期將調漲，為追求經濟責任，先暫緩發貨囤積衛生紙 (C)某家族上市公司第二代負責人，將公司資產以低於市價移轉回家族特定人的名下 (D)某地多家駕訓班實施互助金制度，由大駕訓班補貼小駕訓班，並共同訂定學費價格。【107年】

( ) **8** 龐德開發了一款類似手錶的佩戴裝置，該裝置結合了語音以及微型3D投影設計，這裝置不僅有傳統的計時功能，還能隨時隨地與總部進行3D視訊通話，透過微型技術使得該裝置有全新的使用方式與用途。請問這屬於下列專利權的哪一種？ (A)新型專利 (B)發明專利 (C)設計專利 (D)聯合專利。【107年】

( ) **9** 下列何者不屬於營業秘密的要件？ (A)具有新穎進步性 (B)他人並不知悉 (C)有採取保密措施 (D)具有經濟價值。【106年】

( ) **10** E品牌為歐洲知名的汽車品牌企業，該品牌在台灣是由F公司經銷。關於E品牌企業與F公司的關係，下列敘述何者錯誤？ (A)應簽定經銷合約取得在本區域的經銷權 (B)經銷商擁有品牌企業資產的所有權 (C)經銷商要擔負商品銷售盈虧的責任 (D)經銷合約使雙方達到專業分工。【106年】

(　　) **11** 依據智慧財產權所涵蓋的商標權、著作權、專利權與營業秘密，下列敘述何者正確？　(A)商標權、著作權與專利權皆須申請註冊，營業秘密則無需申請註冊　(B)違反商標權、著作權與專利權皆須負民事責任，營業秘密則免負民事責任　(C)違反商標權、著作權與專利權皆須負刑事責任，營業秘密則免負刑事責任　(D)著作權與營業秘密皆不須申請註冊，但侵害皆須負民事責任與刑事責任。【106年】

(　　) **12** 政府法令規章的變動對企業會造成巨大的衝擊。最近實施的「一例一休」，對企業的何種功能層面產生直接的影響？　(A)銷售面　(B)研發面　(C)智慧財產權　(D)人力雇傭面。【106年】

(　　) **13** 下列何者不屬於公平交易法所規範的廠商行為？　(A)妨礙競爭行為　(B)聯合訂價行為　(C)不公平競爭行為　(D)個別漲價行為。【105年】

(　　) **14** 下列有關智慧財產權的敘述，何者錯誤？　(A)台灣精品標誌是屬於商標權　(B)違反商標權與著作權常須負擔民事與刑事責任　(C)專利權申請之單位為經濟部智慧財產局　(D)著作人格權受保護期限為著作人之生存期間及其死亡後50年。【105年】

(　　) **15** 平安公司是某世界知名運動鞋品牌台灣區的經銷商，下列對該公司的敘述，何者正確？　(A)平安公司主要目的是以收取佣金為主　(B)平安公司只是合法代為經銷，不會擁有商品的所有權　(C)平安公司必須擁有運動鞋品牌公司的股份　(D)平安公司可依據經銷契約，使用運動鞋品牌商標之權利。【104年】

(　　) **16** 王曉娟完成一篇有關親情的小說，並刊載於某報，則下列敘述何者正確？　(A)王曉娟完成小說後即享有著作權　(B)著作財產權包括公開發表權、姓名表示權及禁止不當修改權　(C)王曉娟所擁有的著作財產權永久有效　(D)王曉娟擁有著作人格權，且可讓與他人。【104年】

( ) **17** 某超商推出購物滿77元集點送Hello Kitty 3D磁鐵31款而引爆了蒐集熱潮，請問其他競爭對手無法立刻跟進送Hello Kitty 3D磁鐵，主要是因為何種限制？ (A)加盟授權 (B)著作權授權 (C)商標授權 (D)專利授權。【103年】

( ) **18** 有關企業倫理的敘述，下列何者正確？ (A)違反企業倫理只是企業的不道德行為，不會面臨法律問題 (B)某委託公司之代工廠為降低成本而低價僱用非法勞工，由於並非委託公司之行為，所以該公司不涉及企業倫理的爭議 (C)某公司經營高層個人利用公司的內部消息，操縱公司股價，因為是其個人行為而非企業行為，所以並非企業倫理規範的範疇 (D)企業中不道德的行為不僅會傷害到員工、股東等利害關係人，也會使組織競爭力下降。【103年】

( ) **19** 台灣爆發油品安全風暴之後，消費者可憑購買發票、購買收據或其他可資證明之文件，向原購買之通路商辦理退貨，這是基於何種法律之規範？ (A)營業秘密法 (B)商標法 (C)公平交易法 (D)消費者保護法。【103年】

( ) **20** 台灣某製藥公司研發出一種能治癒愛滋病的特效新藥，若其提出專利之申請，智慧財產局應核發哪一種專利？ (A)新型專利 (B)發明專利 (C)設計專利 (D)新式樣專利。【102年】

( ) **21** 消基會於2013年年初針對52件市場銷售的純米米粉、調合米粉進行抽驗、檢測，結果發現多家廠商的米粉含米量過低，甚至以玉米澱粉作為原料。上述廠商之作為可能違反了何種政府法令？ (A)商標法 (B)定型化契約 (C)智慧財產權 (D)商品標示法。【102年】

( ) **22** 有關企業無形資產的敘述，以下何者正確？ (A)無形資產通常都是標準化資產，容易評估其市場價值 (B)專利權、商標、商譽、特許權等都屬於無形資產 (C)無形資產在法定年限內，不需要如固定資產逐年攤銷其價值 (D)無形資產不具有專用權，容易消逝且只有短暫的經濟效益。【102年】

( ) **23** 有關商標權的描述，以下何者不正確？ (A)我國商標權的取得採註冊主義 (B)商標是文字、圖形、記號、顏色之組合 (C)聲音與立體形狀也可作為商標的一部分 (D)商標權的專用期間為十年，期間屆滿不得申請展延。 【102年】

( ) **24** 下列何者的網路行為，可能會有侵害商標權的問題？ (A)私自轉載網路圖片 (B)在Facebook公布他人財務狀況 (C)在網路購買黃牛票 (D)以近似知名企業的名稱作為網域地址。

( ) **25** 下列何者不屬於「智慧財產權」的保障範圍？ (A)文學、藝術之創作 (B)演藝人員之表演、錄音與廣播 (C)製造業、商業及服務業所使用之標章或商業名稱 (D)從報章雜誌上蒐集取得的運動比賽數據資料。

( ) **26** 張媽媽某日到學校門口接小孩放學時，遇到業務員以送贈品的名義搭訕並推薦兒童學習教材，張媽媽禁不住業務員的勸說，當下簽約購買了一套數萬元的教材。隔日他收到教材後覺得後悔，想要退貨。根據上述，請問下列何者正確？ (A)此類交易行為屬於通訊交易 (B)張媽媽必須在7天內說明原因才可能退貨 (C)張媽媽簽訂合約之後，有30天以內的合理審閱期，期間只要不喜歡都可以退貨 (D)此種交易行為受到消費者保護法的保障。

( ) **27** 台灣爆發黑心食用油風暴，消費者若購買到相關產品，可憑發票或收據，向原購買通路商辦理退貨。請問上述做法是基於何種法律之規範？ (A)職業安全衛生法 (B)商品標示法 (C)公平交易法 (D)消費者保護法。

( ) **28** 下列關於政府法規對於社會經濟影響之敘述，何者為非？ (A)法規制定應考量各種經濟情勢 (B)政府所訂與企業有關的規範，牽動著經濟的發展 (C)法律的變動修改愈頻繁愈好，才可即時反應社會和經濟的變遷 (D)法規變動常會改變企業對未來發展的評估，甚至影響長期策略規劃。

( ) **29** 在專利的三種類型中，何者專利重點在於提升物品「視覺訴求」？ (A)新型專利 (B)視覺專利 (C)設計專利 (D)發明專利。

( ) **30** 依《公平交易法》規定，獨占之事業，不得有何種行為？ (A)以公平之方法，決定商品價格 (B)無正當理由，使交易相對人給予特別優惠 (C)與他事業合併 (D)受讓或承租他事業全部。

( ) **31** 下列關於《個人資料保護個人法》的敘述，何者錯誤？ (A)個人的病歷資料雖然是由醫生所撰寫，但也屬於個人資料範疇 (B)指紋、職業、聯絡方式等，都屬於個人資料 (C)不管是否使用電腦處理的資料，都受《個人資料保護法》的保障 (D)政府機關執行公權力，不受《個人資料保護法》影響。

( ) **32** 寵物食品及用品連鎖通路業者為保障通路利潤，一起開會要求供應商管控零售價格，如有供應商不配合，7家通路業者就下架所供應的商品，此事經人檢舉後，由主管機關分別處以罰鍰。若以公平交易法來看，其屬於下列何者？ (A)不公平競爭行為 (B)聯合行為 (C)結合行為 (D)獨占行為。

( ) **33** 若大雄得知小夫侵犯其營業秘密，請問大雄必須在幾年內提出損害賠償，以維護其權益？ (A)5年 (B)1年 (C)2年 (D)10年。

( ) **34** 依據食品安全衛生管理法規定，食品及食品原料之容器或外包裝，應以中文及通用符號明顯標示，下列何者不在規範項目內？ (A)食品添加物名稱 (B)含基因改造食品原料 (C)原產地(國) (D)製造日期。

( ) **35** 下列何者不是營業秘密的成立要件？ (A)別人並不知道該營運資訊 (B)該營業資訊具有經濟價值 (C)該營運資訊具有創新的概念 (D)對該營運資訊採取合理的保密措施。

( ) **36** 若侵害原住民族傳統智慧創作專用權，需負擔何種責任？ (A)刑事責任 (B)民事責任 (C)刑事責任及民事責任 (D)行政責任。

(　　) **37** 王曉娟完成一篇有關親情的小說，並刊載於某報，則下列敘述何者正確？ (A)王曉娟完成小說後即享有著作權 (B)著作財產權包括公開發表權、姓名表示權及禁止不當修改權 (C)王曉娟所擁有的著作財產權永久有效 (D)王曉娟擁有製作人格權，且可讓與他人。

(　　) **38** 某公司總經理特助涉嫌在離職前取得公司的建廠成本、生產技術、製程控制等資料，並於離職後帶著相關資料跳槽到競爭對手公司，因而遭檢方起訴，請問上述情形中，該名特助最可能違反了哪一項法令？ (A)著作權法 (B)專利權法 (C)營業秘密法 (D)個人資料保護法。

(　　) **39** 台中市農會想把專有標誌放在包裝上，以彰顯台中市農民所生產的農產品，其最適合申請何種商標權？ (A)證明標章 (B)專利標章 (C)團體商標 (D)團體標章。

(　　) **40** 國立陽明大學與台北榮總共同組成的榮陽肺癌研究團隊，並研發出一種能有效對抗肺腺癌的特效藥。請問這屬於哪一種專利？ (A)發明專利 (B)新型專利 (C)設計專利 (D)方法專利。

(　　) **41** 雪寶發明一台雪花自動製造機，計畫申請專利。請問這台機器若要取得專利必須符合哪些要件？ (1)產業利用性 (2)新穎性 (3)可靠性 (4)進步性。 (A)(1)(3)(4) (B)(1)(2)(4) (C)(2)(3)(4) (D)(1)(2)(3)(4)。

(　　) **42** 某男子因研發一套專門抓取網路盜版漫畫的APP軟體，遭到台灣數位出版聯盟提告，而地檢署調查後認定為侵權行為，請問上文提及的「侵權」是指侵犯到何種權利？ (A)隱私權 (B)專利權 (C)商標權 (D)著作權。

(　　) **43** 嘉賓發明了「太陽能閃光安全帽」，並申請獲得新型專利權，請問嘉賓可以擁有該專利權幾年？ (A)十二年 (B)十年 (C)二十年 (D)五十年。

( ) **44** 有關智產權保障期限的說明，下列哪一項正確？ (A)設計專利為自申請日起12年 (B)商標權為自註冊日起20年 (C)發明專利為自發明日起20年 (D)著作財產權為著作人生存期間50年。

( ) **45** 某通訊公司未經環球音樂公司同意，自行提供網友下載該音樂公司最新歌曲的手機鈴聲，因而遭控侵權。請問上述情況中，環球音樂公司的哪一項權利被侵犯？ (A)專利權 (B)著作權 (C)商標權 (D)營業秘密。

( ) **46** SONY Xperia系列手機增加獨家「AR效果」的拍照效果；活用AR擴增實境，讓原本的平面環境的照相，透過系統自行產生3D物件，影像照片變得更活潑。此種「將原本裝置做改良而產生新的功能」，屬於何種專利，其保障期限為多久？ (A)發明專利，自申請日起20年 (B)新型專利，自申請日起10年 (C)設計專利，自申請日起12年 (D)一般專利，自申請日起10年。

( ) **47** 倫理是自發的行為，下列何者並非企業應承擔的外部倫理對象？ (A)競爭者 (B)消費者 (C)社會大眾 (D)股東。

Chapter 10 商業未來發展

一、電子商務模式的認識

(一) 電子商務的意義

電子商務（Electronic Commerce）是指透過電子化作業方式，可以有效地完成製造、銷售、廣告、商情蒐集、物流的溝通、及售後服務等業務。簡言之，是透過電腦網際網路（Internet），來進行各種商業活動。

電子商務經營模式以交易對象分類，可區分成；企業對消費者模式（B to C）、企業對企業者模式（B to B）與消費者對消費者模式（C to C）等。

1. 企業對消費者（Business to Consumer B to C或B2C）電子商務經營模式

   企業直接將商品或服務推上網路，並提供充足資訊與便利的界面吸引消費者選購，是網路上最常見的銷售模式。企業對消費者（Business to Consumer）的電子商務，就是企業透過網路銷售產品或服務給個人消費者。靠網路直銷起家的戴爾電腦（Dell）、賣書起家的亞馬遜網路書店（Amazon.com），甚至賣金融產品的E*Trade。

2. 企業對企業（Business to Business B to B或B2B）電子商務經營模式

   是指企業與企業之間利用電腦科技和網際網路進行如下單等各項商業活動，包括：(1)庫存管理。(2)配送管理。(3)通路管理。(4)付款管理。(5)供應商管理等。

3. 消費者對消費者（Consumet to Consumer C to C或C2C）電子商務經營模式

   拍賣網站是消費者對消費者電子商務經營模式例子。網站經營者不負責物流，而是協助市場資訊的匯集，以及建立信用評等制度。只要買賣兩方消費者有交易的意願，可以自行商量交貨及付款方式。美國eBay是消費者對消費者模式的典型。

(二) 電子商務交易特性

1. 企業可以將產品刊登於網站上傳遞到全世界，全球的顧客也可以從不同的地點連線來購買企業商品。
2. 企業可以花費極少的人力來建立與營運虛擬的商場。
3. 任何企業都可以在電子商務市場上競爭。
4. 網站營運無時間的限制，全球顧客亦無時差的限制。
5. 對於訂單的處理、進度、意見反應等，也可以馬上得知結果，提高顧客的滿意度。
6. 能縮短通路企業，可以用更低的價格提供商品給顧客。
7. 透過政府所設定的相關安全交易法令，使交易的安全性提高。
8. 吸引顧客上門購買。
9. 透過互動式介面的設計，顧客可以執行查詢、瀏覽及支付等功能。
10. 顧客在網路上依自己的需求向廠商訂購客製化的商品。
11. 對顧客資訊的蒐集與分析，可協助企業未來決策的擬定及找出提升產品價值的方法。

(三) 電子商務的效益

1. **對消費者而言**：消費者透過網路的搜尋系統，可以快速、簡單查閱所需要的產品及資訊等，購買時沒有時間及空間的限制，還能迅速地得到業者的回應，售價及交易成本比較低。
2. **對一般銷售者及生產者而言**：降低交易處理成本並提高資訊的時效性，有助於客戶管理及營運績效的提升，整合上下游供應商與客戶，形成產業的資訊網。
3. **對政府而言**：政府可以善用電子化的網路技術（電子化政府）提供更多便民的服務，如線上申請戶籍謄本、網路報稅、網路繳交罰款等，還可以縮短公文往返時間，提升服務效率。

二、未來商業的發展趨勢

(一) 商業發展的趨勢

由於經營環境的變遷，電腦網路的普及，商業自動化、電子化及網路化乃未來商業的發展必然趨勢。

1. 通路結構整合化：未來商業將朝向通路結構的整合發展，而能夠即時回應流通階層意見的「商業快速回應系統」有助於此項發展，可使各通路階層能正確、迅速地調整其經營方向，提供消費者滿意的產品及服務。
2. 業態多樣化：隨著社會多元化，產生了多樣化的業態，新興行業如百貨公司、量販店、精品店、專賣店、多層次傳銷、網路購物、便利商店、自動販賣、人員直銷等無店舖經營型態等。
3. 業際整合化：業際整合化是指企業之間利用各自在不同領域的專長，及不同接觸顧客的管道，以各種合作方式提供顧客更圓滿的服務。常見的有下列二種：

整合行銷：整合行銷是多家企業或商店以結盟、共同行銷方式提供各項產品，滿足各項需求。

交叉行銷：交叉行銷是不同性質的企業或商店利用交叉行銷的方式達到共同促銷的目的。

4. 流通資訊化與物流專業化

流通資訊化：從辦公室自動化、生產自動化開始，透過網路建立資訊化的跨企業網路系統，運用POS系統、VAN系統等設備，傳輸商業資訊，以作為營運的參考。

物流專業化：專業化物流中心可減低成本，滿足消費者的需求。

5. 經營國際化：將企業經營觸角延伸向國際市場，多國公司或跨國企業組織，就是以達成經營國際化為目標。

(二) 商業經營策略

商業經營的策略有穩定策略，成長策略，縮減策略，以及混合策略四種。

1. 穩定策略：不變更原有的服務與產品，以維持一貫成長比例。

2. 成長策略：企業開發更多產業，或擴大更多不同的市場來追求更高的目標。

3. 縮減策略：對於成本過高或無法達到獲利的產業予以減少或刪除。

4. 混合策略：針對不同環境行使不同策略。

(三) 未來商業的經營策略

未來商業可說是充滿了危機和商機，危機是從國內的競爭變成了全球性的競爭，商機是從國內的市場進而擴大到國際性的市場。面對瞬息萬變的商業環境，企業必須擬訂妥善的經營策略，才能提高經營績效獲取利潤，提高競爭能力，立於不敗之地。

1. 善用策略聯盟或產業合併：透過同業或異業的策略聯盟方式，結合外部資源以全方位服務提供消費者最完整服務，提升競爭能力，或透過產業合併方式，擴大經營規模，產生經濟規模的效益，擴大市場佔有率。

2. 重視知識管理：政府目前提倡知識經濟，是希望台灣未來的產業發展，能夠以創新與研發作為發展動力，據Harris, Donoghue & Weitzman研究指出：「未來的時代將會以知識為商業經營的基礎。」管理大師彼得杜拉克則提出：「知識是一種生產要素，而且是全球性經濟環境中最重要的關鍵資源。」知識管理可以創新、提昇員工的素質，提高員工工作能力，協助企業降低成本，創造更多的價值。故未來商業應(1)重視研究發展保有商業核心，(2)創造有價值的知識管理策略及(3)提昇人力資源素質朝向企業國際化。

3. 應用策略性外包：除了企業核心技術外，將不適合自行處理的業務外包給其他專業廠商，業務外包，可消除投資人疑慮並提高企業營運透明度，且如此可以保持經營上的高度彈性，將上、下游廠商密切地結合，以降低成本，提昇品質，達到專業分工效率極大化的效果。目前已開發國家逐漸將附加價值低的業務轉移至開發中國家，因此台灣未來不應再朝向裝配中心發展，而應朝亞太研發（R&D）中心，行銷中心及運籌中心發展。

4. **導入電子商務**：利用網際網路所提供的各項功能，來降低成本，增加利潤，提升企業的營運效率。

5. **傳統產業轉型**：為了提升競爭力，傳統產業應研究轉型，或採產品差異化策略，專心發展具有特色的產品以獲得競爭優勢，或延伸企業的服務，或採市場區隔化政策，推出符合目標市場需求之產品以建立競爭優勢，或跨足經營其他獲利業別、或創造產品附加價值，或創新新產品或改良產品之產品開發策略。

6. **協調勞資關係並重視環保**：勞工意識的抬頭，使得勞資糾紛頻傳，降低企業營運績效，所以必須改善並加強勞資關係，保障勞工權益，避免勞資糾紛，共同追求企業與勞工雙贏的目標。

   現代的企業也必須重視環境的維護，減少在產銷過程中對環境的汙染，加強防治污染的投資，以提升環境的品質。

   另外企業也應積極參與社會公益活動，以提昇企業的形象。

7. **專業化的管理**：現代的企業，經營權與所有權分離，重用專業經理人，藉由專業化的管理，分層負責，逐級授權以提高營運效率，達成企業獲利的目標。

8. **國際化的策略**：現代化的企業必須具有世界性的眼光，積極投入國際市場競爭的舞台，並在國際競爭的壓力下不斷求新求變，才能追求企業的成長與發展。

9. **多角化（多元化）的經營策略**：現代化的企業未來不僅經營一個行業，而且跨足其他多種行業以分散風險，使經營穩定，更具彈性。換言之，企業致力於多角化經營，不但可以風險分散，而且可以保持本身的競爭力及靈活度。例如營建業由於資金需求龐大，且資金回收期長，為分散風險故經常投資百貨業，即是一例。

考前實戰演練

( ) **1** 零售商店與鍋具製造業者合作，顧客到零售商店消費即可累積點數兌換鍋具，請問上述指的是下列何種商業發展趨勢？ (A)通路結構整合化 (B)業態多樣化 (C)分工專業化 (D)業際整合化。 【109年】

( ) **2** 國際品牌大廠，例如NIKE、Apple，都把旗下大部分產品委由專業製造商生產，公司則專注在產品開發與品牌行銷活動。這是屬於哪一種策略？ (A)策略聯盟 (B)策略性外包 (C)縮減策略 (D)多角化策略。 【109年】

( ) **3** 下列電子商務活動依序屬於何種類型？ (1)消費者在團購網揪網友團購迴轉壽司名店餐券；(2)廠商利用政府經貿網平臺與海外客戶完成交易；(3)個人在拍賣網站競標到其他個人賣家的二手硬碟。 (A)C2B、G2B、C2C (B)C2B、B2B、C2C (C)B2C、B2B、C2C (D)C2B、G2B、B2C。 【108年】

( ) **4** 某新品牌牙膏欲提高知名度與臭臭鍋連鎖業者合作，在其所屬連鎖店通路內張貼該品牌新產品廣告，強調該產品可長保口氣清新，讓有此顧忌的消費者從此不用擔心，可安心上門享用鍋物，相互帶動商機。此作法屬於何種商業發展模式？ (A)業際整合化 (B)業態多樣化 (C)通路整合化 (D)流通型結盟。 【108年】

( ) **5** 下列敘述何者錯誤？ (A)中華航空與越南航空共用航班以降低操作成本，是為策略聯盟 (B)臺灣高鐵與旅行社合作推出精選行程，是為異業結盟 (C)全國加油站業者提供顧客附帶洗車的加值服務，是為業際整合 (D)鴻海成立子公司康聯進入醫美市場，是為多角化經營。 【107年】

( ) **6** 知名美妝品牌「安娜莎」在臺設櫃十多年，受到不景氣的影響以及新興韓系彩妝的強力競爭，使得該品牌虧損連連，公司現有之經營策略已難得到董事會的支持，所以目前該公司較不適合採用下列何者經營策略？ (A)縮減策略 (B)穩定策略 (C)混合策略 (D)集中型策略。 【107年】

( ) **7** 某公司為工具機產業的專業廠商，由於近年全球景氣停滯，工具機的需求減少，但是該公司仍以原有的產品組合來服務顧客，則該公司是採取哪一種經營策略？ (A)成長策略 (B)穩定策略 (C)縮減策略 (D)聯合策略。 【106年】

( ) **8** 業者向中國大陸民眾推出「遊台灣加醫美」的行程，不屬於哪一種商業發展趨勢？ (A)服務客製化 (B)異業結盟 (C)業態多樣化 (D)業際整合化。 【105年】

( ) **9** 國內油品龍頭廠商宣佈在其加油站附設輪胎服務中心，主打中低價位輪胎，未來更要推出環保防蚊液、除臭劑，搶佔重視天然健康族群的新市場。請問該廠商是採用何種經營策略？ (A)穩定策略 (B)成長策略 (C)減縮策略 (D)集中策略。 【105年】

( ) **10** 世界各國政府大力提倡知識經濟和知識管理，藉以激勵經濟長期持續成長，主要是希望以何者做為產業進一步發展的核心動力？ (A)創新與研發 (B)大量累積實際資本 (C)大量自國外引進金融資本 (D)稀有資源開發。 【105年】

( ) **11** 某全球知名皮件公司推出打造個人專屬皮包的服務，可於皮包繡上購買者的姓名縮寫，藉以創造皮包的獨特性，請問此項服務最符合下列何種現代商業的特質？ (A)分工專業化 (B)經營國際化 (C)經營多角化 (D)商品客製化。 【105年】

( ) **12** 某餐飲集團規劃，於2016年增加旗下數種品牌共20個營業據點，但其中一個品牌則預計在關閉3個績效不佳的分店後終止，請問該集團是採取下列何種經營策略？ (A)穩定策略 (B)成長策略

(C)縮減策略 (D)混合策略。 【104年】

( ) **13** 某家醫院將處理醫療廢棄物的工作外包給專業廠商，下列何者不是該醫院採行策略性外包可帶來的利益？ (A)可降低成本 (B)可維持企業核心能力 (C)可分散風險，增加人力資源品質 (D)可增加運作的靈活度。 【103年】

( ) **14** 由廠商設立團購網站，邀約消費者匯聚親朋好友一起團購，享受優惠價格，此種電子商務屬於下列何種經營模式？ (A)B2C模式 (B)C2B模式 (C)C2C模式 (D)B2B模式。 【103年】

( ) **15** 某營造公司在經營有成之後，投入百貨零售業。請問下列何者不屬於其可能的動機？ (A)穩健原則 (B)分散風險原則 (C)多角化原則 (D)經營自由化原則。 【103年】

( ) **16** 下列何者不屬於台灣未來的商業或產業發展趨勢？ (A)大量標準化製造 (B)國際化的經營 (C)跨產業整合經營 (D)以客為尊的行銷導向。 【102年】

( ) **17** 消費者透過部落格、臉書等網路工具串連，匯集大量商品訂單，以爭取較好的交易條件。此種將商品交易主導權由廠商轉移到消費者手中，是哪一種電子商務模式？ (A)B to B模式 (B)B to C模式 (C)C to B模式 (D)C to C模式。 【102年】

( ) **18** 某輪胎公司進入越南投資設廠，未料遇到2008年金融海嘯，使得該期間的獲利不如預期。請問這是屬於何種風險？ (A)技術風險 (B)經營風險 (C)災害風險 (D)市場風險。 【102年】

( ) **19** 針對電子商務經營模式之敘述，下列何者是完全正確？ (A)企業運用PChome網站，做為消費者訂購商品及完成交易程序，這種方式是屬於C to C模式 (B)網站經營者提供Yahoo拍賣網，做為消費者競標之媒介，撮合買賣雙方達成交易，這種方式是屬於B to C模式 (C)企業運用EDI及EOS系統，進行商品訂購及完成交易程序，這種方式是屬於B to B模式　(D)消費者運用新浪網，訂購商品及完成交易程序，並取得該商品，這種方式是屬於B to C模式。

(　　) **20** 頌伊匯聚喜好星星的網路同好，集體向觀星露營地業者議價，取得優惠價格夜觀天文。此屬於何種電子商務模式？　(A)B2B　(B)B2C　(C)C2B　(D)C2C。

(　　) **21** 小高在博客來網路書店訂購商概易點通參考書，屬於哪種電子商務模式？　(A)B2C　(B)B2B　(C)C2B　(D)C2C。

(　　) **22** 有關電子商務的敘述，下列何者有誤？　(A)運用電商可降低企業流通成本　(B)電商的銷售領域廣泛，任何商品都可於網路直接販售　(C)電商涵蓋所有網路商業行為　(D)運用電商有助於交易訊息的快速回應。

(　　) **23** 有關電子商務的經營模式敘述，下列何者正確？　(A)App Store提供許多軟體應用程式讓iPhone使用者購買，屬於C to C模式　(B)全聯福利中心建置運籌商務系統平台，讓供應商進行線上議價，屬於B to B模式　(C)消費者上Payeasy網站購買商品，屬於C to B模式　(D)消費者在GOMAJI網站以集體議價方式購得商品，屬於B to C模式。

(　　) **24** 許多民宿業者共同發起「全省玩透透，吃住免煩惱」活動，主動提供旅客食宿安排，免去旅客找吃找住的困擾，期望為民宿業者帶來商機。請問上述做法符合哪一項商業發展趨勢？　(A)應用策略性外包　(B)重視知識管理　(C)善用策略聯盟　(D)多角化經營。

(　　) **25** 台灣品牌的的捷安特腳踏車近年來積極開擴歐美的自行車，為了提高品牌知名度經常贊助國際自行車的比賽，請問這種做法屬於下列哪一項商業的發展趨勢？　(A)業際整合化　(B)服務客製化　(C)經營國際化　(D)通路結構整合化。

(　　) **26** 華碩電腦公司設定銷售目標，希望能擴充產能，以成為台灣桌上型電腦市占率第一名的企業。為了快速達成目標，請問該公司最適合採取哪一種經營策略？ (A)縮減策略 (B)穩定策略 (C)混合策略 (D)成長策略。

( ) **27** 台北富邦為推廣網路銀行的使用，推出送禮、抽獎等優惠活動，藉此吸引更多消費者。請問上文提及的「網路銀行」屬於何種電子商務類型？ (A)C2C (B)B2B (C)C2B (D)B2C。

( ) **28** 可果美公司50幾年來都以番茄醬為主力產品，且該產品一直維持著80%以上的市占率。請問上述情形中，該公司採取哪一種經營策略？ (A)成長策略 (B)混合策略 (C)縮減策略 (D)穩定策略。

( ) **29** 若企業目前情況甚佳，未來展望良好，且環境不會急遽改變時，其最佳的經營策略為何？ (A)混合策略 (B)穩定策略 (C)縮減策略 (D)成長策略。

( ) **30** 企業面臨市場的強烈競爭，透過組織變革的方式調整企業結構，建立新的核心競爭力，以掌握市場潛在發展機會。請問這是屬於哪一種商業發展趨勢？ (A)企業轉型 (B)善用策略聯盟 (C)加強商業外語 (D)策略性外包。

( ) **31** 關於推行電子商務的效益，下列敘述何者錯誤？ (A)對消費者而言，可以節省購物時間 (B)對企業而言，可以提升其主導權 (C)對企業而言，可以快速提升商品知名度 (D)對政府而言，可以提升行政效率。

( ) **32** 以下何者屬於G2B實務範圍？ (A)擬定法規制度 (B)公文傳輸 (C)計畫及投標案 (D)出生及死亡證明。

( ) **33** 企業之間透過電腦網路進行銷售採購等商業活動，稱為 (A)B2B (B)B2C (C)C2C (D)C2B。

( ) **34** 台灣的服飾經銷商透過網路系統向國外製造商訂貨，屬於何種類型的電子商務？ (A)B2B (B)B2C (C)C2C (D)G2G。

(　　) **35** 全球最大團購網酷朋(GROUPON)，在台灣面臨激烈競爭導致市占持續下滑，因此退出台灣市場。請問上述情形中，酷朋團購網的做法符合何種商業發展趨勢？　(A)縮減策略　(B)成長策略　(C)穩定策略　(D)混合策略。

(　　) **36** 資穎上網至拓元售票系統購買演唱會的門票，這是屬於哪一種電子商務類型？　(A)B2C　(B)C2B　(C)C2C　(D)B2B。

(　　) **37** 有關電子商務經營模式的敘述，下列何者錯誤？　(A)momo購物網屬於B2C　(B)博客來網路書店屬於B2C　(C)ihergo愛合購團購網屬於C2B　(D)露天拍賣屬於C2B。

(　　) **38** 仁寶電腦公司透過網際網路，向戴爾電腦公司報告所委託生產之筆記型電腦的生產進度，請問這是屬於何種電子商務模式？(A)B2C　(B)B2B　(C)C2B　(D)C2C。

Chapter 11

近年試題

109年　統測試題

(　　) **1** 下列哪一項不屬於商業活動？
(A)美食外送業者招攬外送員，以距離或趟次支付報酬
(B)陳教授以無條件方式借錢給友人
(C)補習班聘請教師授課，向學員收取補習費
(D)台積電公司購買污染防治設備。

(　　) **2** 企業若經營倒閉，除無法提供產品滿足消費者需求外，將引發勞工失業、設備閒置、投資人虧損等狀況，因此下列哪一項為企業最基本的責任？
(A)經濟責任　(B)自由裁量責任
(C)倫理責任　(D)法律責任。

(　　) **3** 現今消費者健康保養觀念提升，而某生技公司擁有良好的研發及醫護保健能力，其公司應採取何項策略來擴大市場佔有率？
(A)SO策略　(B)WO策略
(C)ST策略　(D)WT策略。

(　　) **4** 某知名食品公司，當面臨食安風暴時，在事件發生後馬上承認疏失，並誠實揭露所有訊息，且承諾只要是該公司出售的問題商品全部回收退費；該公司處理危機時依序依循哪些原則？
(A)靈活性、真實性、積極性　(B)積極性、責任性、靈活性
(C)即時性、責任性、積極性　(D)即時性、真實性、責任性。

(　　) **5** 下列何種網路開業方式的主要獲利來源不包含廣告費？
(A)開設網路商店　(B)經營入口網站
(C)經營網站拍賣平台　(D)經營社群網站。

( ) **6** 下列何項適合採用選擇型商流通路？
(A)通路廣且長，商品流通過程無特定中間商
(B)商品價格較高，購買頻率較低
(C)商品價格低廉，較容易取得
(D)消費者對商品的購買頻率高，不須專人解說。

( ) **7** 以下何者不是「銷售點管理系統（Point of Sale, POS）」可能會帶來的效益？
(A)縮短收銀時間，提升服務品質
(B)系統簡單容易操作，降低出錯機率
(C)有效掌握庫存數量，並即時補貨
(D)解決廠商之間不同電腦系統的問題。

( ) **8** 供應鏈中最接近消費者的零售業，其可提供給製造商的功能不包含下列何項？
(A)提供市場情報
(B)商品配銷
(C)提供少量多樣的商品選擇
(D)商品儲存。

( ) **9** 某家傳統五金行，為了擴大服務顧客，增加了銷售五金以外的商品，消費者可以在轉型後的賣場購足平日所需物品。該廠商零售經營型態是如何轉變？
(A)專業零售業轉型為綜合零售業
(B)綜合零售業轉型為專業零售業
(C)業態店轉型為業種店
(D)有店鋪零售轉型為無店鋪零售。

( ) **10** 國內某英語補習班加盟體系，廣招加盟主加入，條件是加盟主擁有店面所有權及決策權，盈虧都由加盟主自負，但是總部要提供整體企業識別系統及經營管理系統給加盟主，這種型態的加盟是屬於：
(A)特許加盟連鎖 (B)授權加盟連鎖
(C)自願加盟連鎖 (D)委託加盟連鎖。

(　　) **11** 某餐飲連鎖體系，要求：(1)所有分店的裝潢、員工制服都要相同；(2)建立一套清楚易懂的標準作業流程手冊讓各分店遵守；(3)要求每個職務跟職責都要清楚界定。該餐飲連鎖體系依序要求做到哪三個「3S」原則？
(A)簡單化、專業化、標準化
(B)專業化、簡單化、標準化
(C)標準化、簡單化、專業化
(D)簡單化、標準化、專業化。

(　　) **12** 高雄地區有婚紗連鎖公司、喜宴設計業者及旅遊業者互相結合，針對顧客結婚時段的各種需求，設計多種不同幸福內涵的服務供選擇，達到滿足顧客「一次購足」的便利性。這屬於下列何種異業結盟型態？
(A)人力資源型結盟　(B)財務型結盟
(C)生產製造型結盟　(D)行銷及售後服務型結盟。

(　　) **13** A牌手機公司其產品單價高且具特殊性，公司透過一家或極少數的中間商來銷售其產品，這是何種行銷通路的密度策略？
(A)獨家配銷　(B)密集式配銷
(C)選擇性配銷　(D)大眾配銷。

(　　) **14** 假設市場研究機構的報告提到：智慧型手機在某一個國家近年來的市場銷售成長率是5%，低於過去十年平均值10%，而且預估未來還會慢慢趨緩。按照該報告所示，我們可以推測該國家的智慧型手機近年來是屬於哪一個產品生命週期？
(A)成長期　(B)成熟期
(C)衰退期　(D)下市期。

(　　) **15** 業者利用消費者高價位可以彰顯產品的高品質，或提高使用者身分地位的心理，訂定名牌包、香水、手錶等奢侈品銷售價格，所採用的訂價方法為：
(A)差別訂價法　(B)炫耀訂價法
(C)畸零訂價法　(D)市場滲透訂價法。

( ) **16** 張三在公司負責生產作業，因學習能力強，經理希望培訓他做更進階的採購工作，這是工作設計的哪一項原則？
(A)工作輪調 (B)工作簡單化
(C)工作豐富化 (D)工作擴大化。

( ) **17** 如果因為遭遇重大變故，而導致公司必須要規劃員工放無薪假，則實施無薪假是由誰決定？
(A)政府決定後公告實施 (B)資方規劃後決定
(C)勞資雙方共同議定 (D)勞方或工會決定。

( ) **18** 因受評者之年齡、種族或性別不同時，以先入為主的觀感為依據，致影響績效評估結果，使其與實際績效不符，這種現象稱為：
(A)月暈效果 (B)標準不明
(C)趨中傾向 (D)刻板印象。

( ) **19** 某公司流動資產為300,000元，存貨150,000元，流動負債120,000元，則該公司的速動比率應為多少？
(A)1.20 (B)1.25
(C)2.0 (D)2.5。

( ) **20** 某家小型商店的資產總額是500,000元，負債總額是300,000元，業主資本是150,000元，則可以推估本期淨損益是多少？
(A)淨利200,000元 (B)淨利50,000元
(C)淨損200,000元 (D)淨損50,000元。

( ) **21** 企業以發行股票做為長期融資方式，下列有關發行普通股和特別股股票之敘述，何者有誤？
(A)發行普通股和特別股股票，都可以發揮財務槓桿作用
(B)發行普通股股票，每股盈餘將因股數增加而降低
(C)特別股股東無表決權，不影響企業營運
(D)特別股股東有優先分配股利的權利。

(　　) **22** 依照營業秘密法規定：營業秘密須同時符合哪些要件？
(1)非他人所知；(2)普及性；(3)具經濟價值；(4)合理保密措施
(A)(1)(2)(4)　　(B)(1)(2)(3)
(C)(1)(3)(4)　　(D)(2)(3)(4)。

(　　) **23** 就企業倫理規範之分類與內涵言，下列哪一種企業行為侵犯到內部利害關係人的權益？
(A)廣告不實、生產黑心產品
(B)侵犯其他廠商的智慧財產權
(C)勾結賄賂官員逃漏稅
(D)工作環境不安全。

(　　) **24** 零售商店與鍋具製造業者合作，顧客到零售商店消費即可累積點數兌換鍋具，請問上述指的是下列何種商業發展趨勢？
(A)通路結構整合化　　(B)業態多樣化
(C)分工專業化　　(D)業際整合化。

(　　) **25** 國際品牌大廠，例如NIKE、Apple，都把旗下大部分產品委由專業製造商生產，公司則專注在產品開發與品牌行銷活動。這是屬於哪一種策略？
(A)策略聯盟　　(B)策略性外包
(C)縮減策略　　(D)多角化策略。

110年　統測試題

(　　) **1** 連鎖速食業者與供應商合作開發全熟的炸雞半成品，分店員工只要炸熟兩分鐘即可出餐，如此不但可以降低成本，也縮短顧客的等待時間。此敘述說明了現代商業的何種特質？
(A)商品客製化　(B)生產標準化
(C)行銷在地化　(D)經營多角化。

(　　) **2** 八八風災之後，某企業旗下之慈善基金會為協助受災居民當地就業，在高雄市杉林區成立快樂農場，培訓學員採有機栽種方式，不使用農藥化肥，實現生產、生態、生活結合的創業藍圖。此敘述沒有表現哪一種企業公民角色？
(A)社會參與　(B)企業治理
(C)環境保護　(D)推動教育文化。

(　　) **3** 某3C製造公司主管依不同產品線來分配有限的零件存貨，此敘述說明該主管主要扮演哪一種企業家的角色？
(A)決策制定　(B)人際關係
(C)資訊傳播　(D)公益推廣。

(　　) **4** 林老闆與友人合資經營韓式餐館多年，只提供辣炒年糕、海鮮煎餅、石鍋拌飯三種傳統餐點。近年因「韓流」逐漸退燒生意大不如前，去年又因嚴重特殊傳染性肺炎（COVID-19）疫情影響幾乎瀕臨關店。下列哪一種不屬於林老闆遇到的創業風險？
(A)經營風險　(B)市場風險
(C)災害風險　(D)合夥風險。

(　　) **5** (1)某知名歌手嗅到乾拌麵市場快速成長的商機，計劃活用自己高人氣、粉絲多的優勢，趁勢推出自創品牌乾拌麵
(2)這位歌手對乾拌麵生產製造不熟悉，為掌握商機因此與某食品公司合作，聯手推出自創品牌乾拌麵

以上情境依序屬於SWOT交叉分析中的何種策略？
(A)ST、WO策略　(B)SO、WT策略
(C)SO、WO策略　(D)ST、WT策略。

(　　) **6** 陽光公司負責農產品的集貨、驗收、理貨、包裝加工、儲存配送。此公司的業務主要屬於下列何者？
(A)商流　(B)物流
(C)金流　(D)資訊流。

(　　) **7** 下列有關超級市場的敘述何者正確？
(A)全聯福利中心、家樂福、大潤發都是國內知名的超級市場
(B)開發售價較高的自有品牌商品是超級市場的發展趨勢
(C)生鮮食品是主要的銷售商品，所以國內超級市場陸續成立生鮮處理中心，以降低加工處理成本
(D)超級市場除了面臨同業競爭，更遭遇營業據點較多的量販店，及品項齊全的便利商店等零售業威脅。

(　　) **8** 有關無店舖零售的敘述，下列何者正確？
(A)手機體積小、單價高，適合透過自動販賣機銷售
(B)音樂、線上遊戲等數位商品無法退貨，不適合透過網路銷售
(C)合法的多層次傳銷會透過銷售人員面對面說明，所以商品售出概不退貨
(D)多層次傳銷主要以人員銷售及口耳相傳方式經營，可以節省廣告、租金等營運成本。

(　　) **9** 小方創立的文青風手搖茶飲廣受年輕族群喜愛，計劃以連鎖經營的方式開設分店。小方連鎖總部對加盟分店擁有決策管理權，而加盟分店則擁有店面所有權及大部分利潤，此屬於下列何種展店型態？
(A)直營連鎖　(B)委託加盟
(C)特許加盟　(D)自願加盟。

( ) **10** 臺灣麥當勞與LINE FRIENDS攜手，推出「開春熊有禮」限量禮盒。特定期間於麥當勞購買任何套餐，加價即可擁有熊大帆布包或手提袋。此為何種異業結盟類型？

(A)生產製造（型）結盟 (B) 技術研究發展（型）結盟
(C)資訊（型）結盟 (D) 行銷及售後服務（型）結盟。

( ) **11** 關於微型企業的敘述，下列何者正確？

(A)規模小、經營彈性小
(B)我國經濟部之認定標準為員工數未滿10人
(C)政府對於微型企業提供輔導方案與創業貸款
(D)員工工作職責專業化程度高，每位員工各司其職。

( ) **12** 超商推出三麗鷗Mix-Party口罩，如暖色系印花設計Hello Kitty、雙子星、布丁狗等，並因應聖誕節推出成人及兒童尺寸的盒裝花色口罩，讓防疫也能增添節慶氛圍。此行銷活動與哪個市場區隔變數沒有直接相關？

(A)心理變數 (B)人口統計變數
(C)行為變數 (D)地理變數。

( ) **13** 隨著智慧型手機的功能愈來愈強大，未來可能會加入更多增進消費者利益的功能，如自動辨識人的心情等。此屬於哪一個產品層次？

(A)核心產品 (B)有形產品
(C)附加產品 (D)潛在產品。

( ) **14** 為了消除消費者對進口豬肉的疑慮，不少餐飲業者將肉品來源全數改成國產豬，使得國產豬需求提升、漲價難免，但多數業者仍決定跟隨領導廠商的價格來決定是否調整售價。此種訂價策略主要屬於何者？

(A)成本導向 (B)顧客導向
(C)競爭導向 (D)市場導向。

(　　) **15** 某民生消費用品公司共有洗髮精、清潔劑、衛生紙等3條產品線，其中洗髮精有3個產品，每個產品各有750 ml及300 ml兩種包裝樣式；清潔劑有2個產品，一種包裝樣式；衛生紙有2個產品，一種包裝樣式。下列敘述何者正確？
(A)此公司的產品廣度為3　(B)此公司的產品長度為10
(C)洗髮精的產品深度為3　(D)清潔劑的產品深度為2。

(　　) **16** 小張在食品公司擔任高屏區業務專員，由於工作表現優異，主管將台南區也納入小張的負責區域，這項調整屬於工作設計中的哪個原則？
(A)工作簡單化　(B)工作多元化
(C)工作擴大化　(D)工作豐富化。

(　　) **17** 某甲任職於外商公司，每年年終考核時，他在工作上接觸的主管、同事、下屬與客戶，都會接受績效電話訪問或填寫績效問卷，評估某甲今年度的工作表現。這是屬於哪一種績效評估方法？
(A)360度績效評估法　(B)目標管理績效評估法
(C)配對比較績效評估法　(D)重大事件績效評估法。

(　　) **18** 某企業提供員工多種在職進修課程，強化其專業技能，並推行新三鐵運動，鼓勵員工登玉山、單車環島、泳渡日月潭。以上敘述依序屬於哪種員工福利類型？
(甲)經濟性福利　(乙)設施性福利
(丙)娛樂性福利　(丁)教育性福利
(A)丙乙　(B)丁乙
(C)丙甲　(D)丁丙。

(　　) **19** 下列何項財務比率分析指標，無法由資產負債表編製結果而得知？
(A)總資產週轉率　(B)流動比率
(C)權益比率　(D)負債比率。

(　　) **20** 有關企業長期籌（融）資的敘述，下列何者錯誤？
(A)特別股其發行成本較債券高

(B)公司債之債權人可以參與公司決策
(C)指籌資期間在七年以上的資金籌措方式
(D)發行普通股優點為無到期日，資金可長期使用。

(　) **21** 假設A公司2020年營業（銷貨）收入為1000萬元、營業毛利為300萬元、營業費用為150萬元、期初存貨為80萬元、期末存貨為120萬元，則A公司的存貨週轉率（次）為何？
(A) 1.5　(B) 3
(C) 7　(D) 10。

(　) **22** 下列智慧財產權，何者不得轉讓或繼承？
(A)著作人格權　(B)著作財產權
(C)商標權　(D)專利權。

(　) **23** 有關企業不道德行為對經營影響之敘述，下列何者錯誤？
(A)面臨法律制裁　(B)不利企業形象
(C)降低員工流動率　(D)損害投資人信心。

(　) **24** 有關企業建構電子訂貨系統（EOS）、電子資料交換系統（EDI），這些商業自動化工具之目的，下列何者錯誤？
(A)提升配銷效率　(B)整合通路的產銷流程
(C)延長產品上架的時間　(D)即時掌握消費者的回應。

(　) **25** 根據報導，鴻海與裕隆宣佈共同進軍電動車市場，此主要符合下列何種經營策略？
(A)策略聯盟　(B)混合策略
(C)穩定策略　(D)策略性外包。

111年　統測試題

(　　) **1** 銀飾DIY手作坊逐漸興起，提供消費者場地、材料及教學活動，帶領消費者打造專屬自己的銀飾產品。上述經濟時期的商業活動，最有可能用何種產品說明？
(A)生產形式化產品　(B)生產客製化產品
(C)生產感受化產品　(D)生產潛在化產品。

(　　) **2** Google公司於組織簡介中有一段陳述：To provide access to the world's information in one click，上述最有可能是指組織規劃的哪一部份？
(A)目標（Objective）　(B)任務（Mission）
(C)願景（Vision）　(D)計畫（Plan）。

(　　) **3** 下列何者不是創業過程中的外部風險？
(A)因受少子化影響，使許多幼兒園退場
(B)響應全球環保政策，政府禁用塑膠袋
(C)多名工程師離職，流出部分關鍵技術
(D)受疫情影響，政府宣布餐廳禁止內用。

(　　) **4** 在健康意識抬頭的時代，許多消費者質疑油炸食品營養失衡與熱量過高，因此相對減少對該產品的購買。對該產品的業者而言，應列為SWOT分析中的哪一個項目？
(A)優勢　(B)劣勢
(C)機會　(D)威脅。

(　　) **5** 滷味業者除透過原有的零售通路外，新推出「智能販賣機」進行銷售，消費者可於選擇商品後，販賣機自動加熱3分鐘，就可以吃到熱騰騰的滷味。此外，消費者可以用VISA WAVE信用卡、街口支付等方式購買。以上商業現代化之敘述，下列何者正確？

(A)信用卡是採用無線射頻辨識系統
(B)街口支付是採取NFC的感應系統
(C)滷味商品販售是屬於選擇型商流
(D)智能販賣機是屬於提升服務品質。

(　　) **6** 疫情期間知名美式連鎖餐廳，出現以下情境：
(1)配合疫情推出「外帶自取五折優惠」限量促銷活動
(2)消費者於網路訂購時，感覺電子菜單較難挑選餐點
(3)消費者感覺外帶消費，沒有現場服務不像享受美食
根據上述，依序屬於何種服務特性？
(A)同時性、變異性、無形性　(B)同時性、易逝性、變異性
(C)易逝性、無形性、變異性　(D)易逝性、無形性、同時性。

(　　) **7** 關於商業的經營型態，下列敘述何者正確？
(A)電視購物屬於人員銷售的型態，如：東森購物
(B)混合型物流中心擁有商品所有權，如：德記物流
(C)業種是以販售的商品種類來區分，如：夾娃娃機店
(D)線上服務商品是透過網路提供之服務，如：Netflix電影。

(　　) **8** 關於批發業，下列敘述何者錯誤？
(A)批發商對於零售商，具有融資功能
(B)中盤商向大盤商進貨，又稱為二次批發商
(C)代理商類似盤商的角色，不具商品所有權
(D)量販店結合倉儲與賣場，屬於批發業的經營型態。

(　　) **9** 關於無店鋪經營型態，下列敘述何者正確？
(A)臺北車展是一種展示銷售型態，屬於人員銷售
(B)多層次傳銷又稱為「直接銷售」，屬於直效行銷
(C)威秀影城可提供消費者網路訂票，屬於數位化商品
(D)App Store透過網路傳送之商品，屬於線上服務商品。

(　　) **10** 關於連鎖企業，下列敘述何者正確？
(A)合作加盟之利潤分配，加盟者分配達100%，且設備、人事費用都由加盟者負責，如：博登藥局

(B)自願加盟之利潤分配，加盟者分配達100%，且設備、人事費用都由加盟者負責，如：王品牛排
(C)特許加盟之利潤分配，加盟者分配大於總部，且設備、人事費用都由加盟者負責，如：麥當勞
(D)委託加盟之利潤分配，加盟者分配小於總部，且設備、人事費用都由加盟者負責，如：台鹽生技。

(　　) **11** 下列何者不是異業結盟的個案？
(A)Walmart與Microsoft結盟
(B)全聯與阪急BAKERY結盟
(C)雙北捷運與公車業者共同推出月票吃到飽優惠方案
(D)電信與汽車業者合作，提供購車搭配寬頻優惠方案。

(　　) **12** 按摩椅業者針對40歲以上的族群，推出強化腿部揉搓功能之新一代產品，並以重複播放廣告方式進行宣傳。此外，於節慶活動檔期，可至旗艦店、百貨公司、量販店、購物網等通路購買。根據上述情境，下列敘述何者正確？
(A)新一代的產品廣告屬於提醒性廣告
(B)業者的目標市場策略是集中性行銷
(C)業者的訂價策略會偏向滲透訂價法
(D)業者採取的通路策略是密集性配銷。

(　　) **13** 關於行銷管理，下列敘述何者正確？
(A)銷售導向的觀念，易忽略消費者需求，可能導致行銷近視症
(B)目標行銷步驟，依序為目標市場選擇、市場區隔、市場定位
(C)畸零訂價法、炫耀訂價法與差別訂價法都是屬於心理訂價法
(D)拉式的推廣策略，採取間接方式刺激需求，注重廣告或促銷。

(　　) **14** 關於產品生命週期如圖，下列策略的敘述何者正確？
(A)導入期採用說服性廣告，讓客戶接受產品
(B)成長期採用告知性廣告，增加產品知名度
(C)成熟期採用提醒性廣告，拓展市場占有率
(D)衰退期採用集中性行銷策略吸取剩餘利潤。

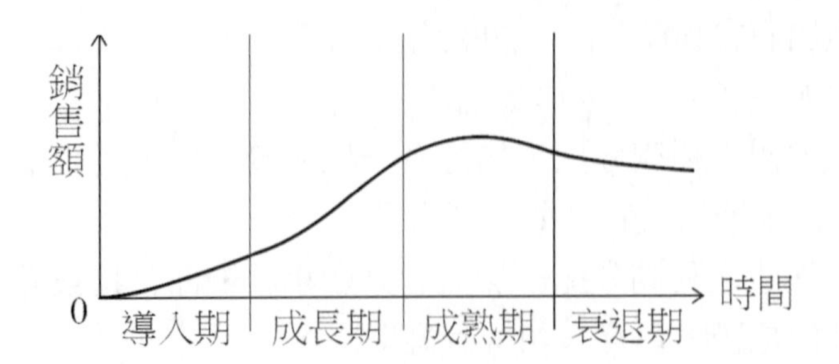

( ) **15** 7-ELEVEn委託製造商開發生產的「iseLect」系列產品，其產品組合項目如下表，下列敘述何者正確？

茶飲系列	杯湯系列	微波系列	冬粉系列	肉乾系列
經典紅茶	蘑菇濃湯	蜜汁雞排	韓式泡菜	辣味牛肉乾
草莓奶茶	香菇濃湯	雞腿肉串燒	泰式酸辣	蜜汁豬肉乾
阿薩姆奶茶	豆腐味噌湯	辣味炸雞球	中式酸辣湯	
特調麥仔茶	紫菜蛋花湯	BBQ棒棒腿		
蜂蜜菊花茶	雞蓉玉米濃湯			
特濃烏龍茶				

(A)此種商業模式為直接行銷通路
(B)「iseLect」的品牌歸屬類型是私人品牌
(C)產品組合長度為20，所以組合的一致性很高
(D)產品組合寬度為5，杯湯產品系列的深度為5。

( ) **16** 大明、中誠、小華皆是航空公司員工，其訓練說明如下：
(1)大明是人資主管，在公司內部舉辦講座課程
(2)中誠是儲備機師，參與專業訓練中心的代訓
(3)小華剛考取空服員，參加新進人員系列培訓
根據上述之員工訓練時機，依序何者正確？
(A)職內訓練、職外訓練、職前訓練
(B)在職訓練、職內訓練、內部訓練
(C)在職訓練、職外訓練、內部訓練
(D)在職訓練、職內訓練、職前訓練。

(　　) **17** 蚵仔煎業者針對旗下員工，進行工作任務分派如下：
(1)兒子僅負責煎台，大女兒負責煮湯，小女兒負責外場接待
(2)增設自動化輸送帶，讓餐點透過輸送帶傳遞，縮短出餐步驟
(3)小女兒除外場接待，再賦予進銷存管理責任，增進專業知識
(4)大女兒除負責煮湯外，還要增加燙青菜項目，使任務多樣化
根據上述之經營管理原則與工作設計，依序何者正確？
(A)專業化、簡單化、工作豐富化、工作擴大化
(B)標準化、專業化、工作豐富化、工作擴大化
(C)專業化、簡單化、工作擴大化、工作豐富化
(D)標準化、專業化、工作擴大化、工作豐富化。

(　　) **18** 關於薪資與獎懲，下列敘述何者正確？
(A)「同工同酬」是屬於薪資制度的合理原則
(B)「獎重於懲」是企業組織實施獎懲的原則
(C)「職位較高」的工作，薪資計算通常採用年資制
(D)「質重於量」的工作，薪資計算通常採用考績制。

▲閱讀下文，回答第 19-22 題

臺灣 A 光電與 B 電子兩家 LED 公司，整合 Mini LED 研發技術與生產製造資源，於 2021 年 1 月透過換股方式，合併成為 C 投資控股上市公司，以便爭取未來產業之龐大商機。產品涵蓋磊晶、晶粒、封裝到模組，並可提供多元服務及解決方案；產品應用範圍包括顯示器、專業照明、車用、感測、5G 通訊等。

C 公司新任董事長指派特別助理進行中期籌資活動，並根據 A 與 B 兩家公司近兩年的財務資訊，比較兩者的償債能力、獲利能力以及經營能力，期許達成財務管理之目的。且基於「取之社會，用之社會」的回饋理念，指派秘書成立基金會來善盡社會責任，資助偏鄉弱勢兒童就學計畫，以培育國家未來的主人翁。

(　　) **19** 上述A與B兩家公司的合併案例，下列何者錯誤？
(A)商業的經營策略屬於混合策略
(B)本案受到公平交易法的規範
(C)屬於同業結盟的現代商業特質
(D)屬於SWOT分析中的SO策略。

(　　) **20** 關於C公司的情境敘述，下列何者錯誤？
(A)租賃融資是屬於中期籌資的範疇
(B)財務管理目的包含提升財務槓桿
(C)存貨週轉率可用來判斷經營能力
(D)公司社會責任屬於自由裁量責任。

(　　) **21** 假設A與B公司的精簡財務資訊如下表所示，兩家公司的財務指標，何者敘述錯誤？

項目	A公司		B公司	
	2019年	2020年	2019年	2020年
營業收入淨額（仟元）	16,000,000	25,000,000	10,000,000	15,000,000
稅後淨利（仟元）	800,000	2,000,000	600,000	700,000
營業毛利率（%）	10	12	12	10
負債比率（%）	38	40	29	32
酸性測驗比率	3.5	3.0	2.5	2.7
存貨週轉率（次）	6	5.5	4.5	4.8
總資產週轉率（次）	0.85	0.88	0.65	0.72
基本每股盈餘	1	2.5	3	3.5
股價	20	50	45	52.5

(A)2019年股本：A公司大於B公司
(B)2019年成本率：A公司大於B公司
(C)2020年純益率：A公司大於B公司
(D)2020年權益比率：A公司大於B公司。

(　　) **22** 進行上述A與B兩家公司的財務比率分析後，下列敘述何者錯誤？
(A)本益比方面：A公司高於B公司
(B)經營能力方面：A公司優於B公司
(C)財務結構方面：A公司優於B公司
(D)短期償債能力：A公司優於B公司。

▲閱讀下文，回答第 23-25 題

美國記憶體大廠美光於 2017 年指控臺灣聯電公司協助中國晉華竊取美光營業秘密，於是在美國與臺灣兩地提出訴訟。2020 年除 3 名涉嫌員工被判刑外，聯電也遭判罰 1 億元罰金，隨後聯電又提起上訴。纏訟超過 4 年，美光與聯電於日前宣布達成全球和解協議，雙方各自撤回向對方提出之訴訟，同時聯電將支付美光和解金，化干戈為玉帛，以共創未來合作商機。

美光為記憶體的業界先驅，擁有 4 萬多件的全球專利，積極投入先進研發與製程；聯電為半導體大廠，提供高品質的晶圓代工服務。由於聯電擁有成熟製程與產能，正是美光出貨給客戶最需要的合作對象，雙方從互告到和解，預計應有更密切的業務夥伴關係。

(　　) **23** 依據上述合作案例之「現代商業特質」與「結盟型態」，下列何者正確？
(A)技術專業化、技術研發結盟
(B)技術專業化、生產製造結盟
(C)業際整合化、技術研發結盟
(D)業際整合化、生產製造結盟。

(　　) **24** 關於營業秘密，下列何者錯誤？
(A)營業秘密受到侵害有求償期限
(B)營業秘密的訴訟是屬於公訴罪
(C)營業秘密不需要提出註冊申請
(D)營業秘密可以轉讓也可以繼承。

(　　) **25** 關於智慧財產權，下列何者正確？
(A)專利侵權糾紛屬於刑事訴訟
(B)著作財產權並無存續之期限
(C)智慧創作專用權受永久保護
(D)原創性是商標權成立的要件。

112年　統測試題

(　　) **1** 蘋果公司所設計的「蘋果咬一口」logo商標廣為人知，即便歷經多次的設計演變，消費者仍可一眼辨認出來。對該公司而言，蘋果logo商標屬於哪一項商業經營要素？
(A)資本　(B)商品
(C)商業信用　(D)商業組織。

(　　) **2** 國人飲用咖啡需求日益增加，帶動國內咖啡市場蓬勃發展。某連鎖咖啡店近年來透過打造特色門市、專業咖啡製作技術以及合理平實的價格等方式，讓消費大眾能輕鬆地享受精品咖啡，因而在咖啡市場異軍突起，據點林立。若以經營策略SWOT分析的角度，則該公司的做法屬於哪一種策略？
(A)防禦性策略（WT）　(B)扭轉性策略（WO）
(C)多元化策略（ST）　(D)增長性策略（SO）。

(　　) **3** 某食品公司遭人檢舉在食品原料中使用工業用色素，導致消費者權益受損。相關消息一出，立刻引起社會大眾關注。公司立即成立危機處理小組，並於第二天召開記者會，由公司高階主管集體向消費者致歉，說明產品下架及賠償方案。該公司危機處理的做法，符合哪一項原則？
(A)在危機潛伏期設想解決方案，符合統一性原則
(B)在危機解決期成立危機處理小組，符合真實性原則
(C)在危機爆發時公司回收產品並致歉，把握責任性原則
(D)在危機善後期召開記者會向大眾說明，符合自保性原則。

(　　) **4** 為了保障員工生命安全，許多企業在疫情期間為員工投保一年期防疫險，下列哪一項是企業為員工投保防疫險的主要原因？
(A)預防潛在的環境風險，降低成本
(B)這屬於公共意外責任險的一部份
(C)控制公司的災害風險，減少損失
(D)降低公司的法律風險，避免受罰。

(　　) **5** 全聯福利中心與Uber Eats合作推出「小時達」，提供線上訂購宅配外送服務，訴求外送員騎車一小時內就能把生鮮雜貨宅配到家，以滿足消費者之需求。關於業者(1)外送員產生之效用、以及(2)物流的機能，依序屬於下列何者？
(A)(1)勞務效用、(2)運輸配送
(B)(1)時間效用、(2)運輸配送
(C)(1)勞務效用、(2)裝卸搬運
(D)(1)時間效用、(2)裝卸搬運。

(　　) **6** 為提升物流配送效率，超市與超商龍頭積極建立物流中心。關於此物流中心的敘述，下列何者正確？
(A)屬於製造商型物流中心
(B)可有效連結製造商與零售商，縮短流通通路
(C)為由業者憑藉本身優勢成立的貨（轉）運型物流中心
(D)為了提升配送自動化，物流中心導入銷售時點管理系統（POS）。

(　　) **7** 小張的住宅社區附近新開了一家零售商店，以販售生鮮食品為主、日常用品為輔。關於此零售店的特徵敘述，下列何者正確？
(A)滿足顧客立即性的需求
(B)以販售大包裝商品為主
(C)商品訂價以中價位為主
(D)以特定品牌偏好顧客為客群。

(　　) **8** 小林和小陳共同出資開設文具店，除了自行負擔營業資金和費用，也要支付加盟金、保證金和權利金給總部，且由總部提供技術輔導與教育訓練。已知該文具店享有100%營業利潤，則此店之連鎖經營型態，應屬於下列何者？
(A)自願加盟　(B)合作加盟
(C)委託加盟　(D)特許加盟。

(　　) **9** 某外送平台慶祝周年慶，與知名飲料T品牌、餐飲店家及百貨公司等合作舉辦大型活動，包含歌手演唱、餐車美食、打卡送T品牌飲料等活動，吸引許多民眾前往參與。依據上述情境，下列何者正確？
(A)外送平台與飲料T品牌的合作屬於生產製造型結盟
(B)外送平台與餐飲店家的合作屬於行銷與售後服務型結盟
(C)外送平台、歌手與百貨公司的合作屬於產品線家族品牌策略
(D)歌手演唱、餐車美食、打卡送T品牌飲料等活動屬於混合品牌策略。

(　　) **10** 小青與好友自行創業，以創立新品牌方式開設「青咖啡」實體店，兩人共同出資並對公司債務負有限清償責任。店裡共有3位員工輪班，除了提供咖啡及輕食外，也販售自家烘焙的咖啡豆。關於「青咖啡」的敘述，下列何者正確？
(A)為組織規模小的個人加盟店
(B)屬於經營彈性大的微型企業
(C)屬於資金不多的委託加盟店
(D)「青咖啡」屬於兩合公司之組織型態。

(　　) **11** 為了滿足消費者的騎乘需求，業者Gogoro專注於經營電動機車市場，推出「Gogoro SuperSport」、「Gogoro Delight」、「Gogoro VIVA」等車款，並透過業務在賣場擺設臨時攤位、新產品發表會等活動宣傳，來吸引目標客群的購買。依據上述情境，下列何者正確？
(A)業者的目標市場策略是採用無差異化行銷
(B)業者的推廣組合包含人員銷售與公共關係
(C)業者的品牌命名決策是採用個別品牌方式
(D)電動機車騎乘功能是屬於產品的潛在產品層次。

(　　) **12** 東東韓式燒肉吃到飽品牌採直營連鎖經營，自高雄起家，並於台中及台北開設分店。該品牌以韓國街邊風的店面裝潢，並根據不同用餐時段提供三種不同價位，且以火烤兩吃多種肉品與海鮮的經營方式，來滿足消費者多元化的飲食需求。關於此連鎖品牌的敘述，下列何者錯誤？

(A)為複合式經營的新興業態
(B)分店營業利潤100%需歸屬於總部
(C)該品牌訂價方式屬於差別訂價法
(D)東東韓式燒肉吃到飽是以業種命名。

(　) **13** 精彩公司生產造型環保杯的固定成本為50萬元，每單位變動成本為20元，預期目標報酬率為30%，預期銷售量5,000個，則每個杯子訂價應為多少錢才能達到損益平衡？
(A)120元　(B)130元
(C)150元　(D)180元。

(　) **14** 某手機品牌針對不同需求之客群，先推出功能強、價格高、外觀設計感十足之高階手機產品，之後再推出功能普通、價格較低的中階手機產品。關於此手機品牌的行銷策略，下列何者正確？
(A)此手機品牌採無差異化行銷策略
(B)手機產品屬於工業品中的選購品
(C)將高階手機拓展至中階手機屬於產品線長度策略
(D)手機品牌與外觀設計是屬於產品的基本產品層次。

(　) **15** 毛寶貝寵物美容公司徵才公告的部分內容如下表下列何者正確？

毛寶貝寵物美容公司	
工作職稱	寵物美容師
工作內容	寵物造型設計、寵物身體清潔與修整
工作地點	台中市西屯區
教育程度	不拘
工作經驗	五年以上相關工作經驗
相關證照	通過KCT台灣畜犬協會B級考試以上
其他條件	1.需喜愛毛孩，本身有寵物飼養經驗者佳 2.具有獨立進行寵物美容，且能完成大美容以上經驗者優先考慮

(A)「寵物造型設計」屬於工作分析中的工作規範
(B)「教育程度不拘」屬於工作分析中的工作規範
(C)「五年以上相關工作經驗」屬於工作分析中的工作說明書
(D)「通過KCT台灣畜犬協會B級考試以上」屬於工作分析中的工作說明書。

( ) **16** 下列哪一個情境符合我國《勞動基準法》的規範？
(A)美好美超商近來人手不足，規定員工本週排班七天
(B)小明弄壞公司設備，公司扣留小明下個月薪資作為賠償
(C)公司年底業務量大增，林小姐已連續兩個月都加班45小時
(D)速利物流公司規定男性物流員起薪較女性物流員多2000元。

( ) **17** 員工工作表現與企業營運績效息息相關，為了公平公正考核員工的績效表現，下列何者作法較不適當？
(A)提醒主管注意月暈效果的影響
(B)採360度績效評估法，從多種來源評估
(C)將員工平時重要表現記錄下來，評估優劣
(D)將五等級評分改為三等級，增加更多彈性。

( ) **18** 關於商業法律，下列何者正確？
(A)根據消費者保護法，直播拍賣應提供消費者10天的鑑賞期
(B)不肖廠商將LINE的官方貼圖印製在書包上，恐侵犯商標權
(C)歌迷用臉書直播Jolin演唱會，恐侵犯主辦單位的著作人格權
(D)智慧型手機觸控面板的操控方法可申請發明專利，期限為20年。

▲閱讀下文，回答 19-21 題

隨著疫情趨緩，各項防疫措施逐步鬆綁，民眾回歸常態生活。因此，王鼎餐飲集團擬大規模展店、擴張營收版圖，並打造新品牌、拓展成長曲線。財務長考量各項因素後，針對資金籌措與運用，進行適當之財務規劃，以因應未來營運之需求。

而王鼎餐飲集團旗下有甲、乙、丙、丁四種品牌連鎖餐廳，最近一期的財務比率指標如表所示：

財務比率指標	甲品牌	乙品牌	丙品牌	丁品牌
權益比率	0.60	0.70	0.75	0.80
速動比率	1.70	1.80	1.50	1.60
總資產報酬率	0.17	0.20	0.15	0.18
應收帳款週轉率（次）	10	8	5	6

此外，管理部門也於 Facebook、Instagram、LINE 等社群媒體建立官方帳號，消費者可直接下單訂購商品；且避免進口肉類來源疑慮，特別標示產地與成分；並請內用客人以手機掃描二維條碼（QR Code）點餐，以降低人員感染風險，也能減少作業成本。

(　　) **19** 關於王鼎餐飲集團的財務管理，下列敘述何者錯誤？
(A)企業的經營風險包括營運風險與財務風險
(B)企業籌措短期資金可發行融資性商業本票
(C)發行公司債是屬於內部資金長期籌資範疇
(D)通常完成財務預測後，才會進行預算編制。

(　　) **20** 依據上述四種品牌連鎖餐廳的財務比率指標，如果分別以(1)財務結構分析、(2)經營能力分析之角度，依序為哪兩種品牌的營運績效較佳？
(A)(1)甲品牌、(2)乙品牌　　(B)(1)乙品牌、(2)丙品牌
(C)(1)丙品牌、(2)丁品牌　　(D)(1)丁品牌、(2)甲品牌。

(　　) **21** 業者(1)透過社群媒體建立官方帳號，消費者可直接下單訂購商品、(2)避免進口肉類來源疑慮，特別標示產地與成分、(3)手機掃描二維條碼（QR Code）點餐，以降低人員感染風險，也能減少作業成本。上述關於業者的「銷售方式」與「商業現代化內容」，依序何者正確？
(A)(1)直效行銷、(2)落實消費權益、(3)提升商業技術
(B)(1)直效行銷、(2)提升服務品質、(3)改善商業環境
(C)(1)展示銷售、(2)提升服務品質、(3)改善商業環境
(D)(1)展示銷售、(2)落實消費權益、(3)提升商業技術。

▲閱讀下文，回答第 22-25 題

某美式連鎖餐廳藉由「電子商務」機制，導入線上訂位系統，除可減輕各分店現場人力的負擔，也使得顧客能更輕鬆預約訂位，以提升整體服務的附加價值。而在金流方面，消費者除可用現金、信用卡等工具，也可透過行動支付等方式進行付款。

由於業者重視「產銷履歷」，要求供應商提供最新鮮的產品，且需將食材來源、生產資訊完整記錄在雲端系統，讓產銷流程透明化。且規定食品種類之供應商，包裝應標註營養標示，以保障消費者的健康；並要求食品供應商為其產品投保產品責任險，以保障消費者的權益。

針對存貨管理方面，業者規定需依照價值與數量之差異，分成甲、乙、丙三類，例如：高級牛肉品項屬於甲類；一般魚肉品項屬於乙類；調味佐醬品項屬於丙類，並進行分類管理，如圖所示。

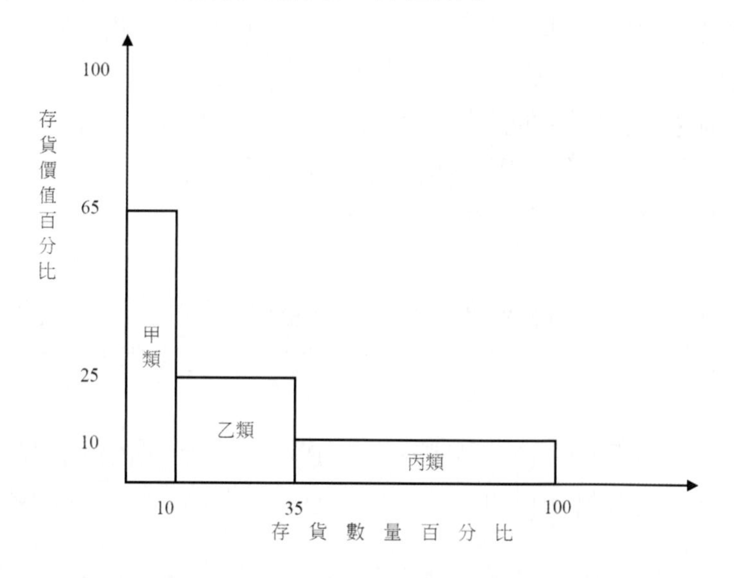

( ) **22** 依據上述案例之(1)電子商務類型、(2)產銷履歷策略，依序應屬於下列何者？

(A)(1)B2C、(2)物流智慧化

(B)(1)B2C、(2)通路結構整合化

(C)(1)O2O、(2)物流智慧化

(D)(1)O2O、(2)通路結構整合化。

(　　) **23** 上述供應商(1)包裝應標註營養標示，是受到何種法律之規範？(2)為其產品投保的產品責任險，是屬於何種保險之範疇？依序何者正確？　(A)(1)商品標示法、(2)財產保險　(B)(1)商品標示法、(2)人身保險　(C)(1)食品安全衛生管理法、(2)財產保險　(D)(1)食品安全衛生管理法、(2)人身保險。

(　　) **24** 依據ABC存貨控制法，關於此業者的存貨管理敘述，下列何者錯誤？
(A)乙類存貨數量適中，存貨價值中等
(B)甲類存貨價值最高，需實行C類管理
(C)丙類存貨數量最多，通常採寬鬆盤點
(D)乙類存貨數量占25%，存貨價值占25%。

(　　) **25** 關於金流與行動支付之敘述，下列何者正確？
(A)電子票證具有儲值、付款、以及轉帳功能
(B)使用第三方支付可使消費者提早收到商品
(C)可用行動支付等方式付款，是便利性的考量
(D)選擇支付工具時，儲值性是首要的考量因素。

113年 統測試題

( ) **1** 電動汽車的需求在減碳排放政策以及科技進步等多項刺激下明顯增加。國內某汽車業者擁有先進電動車電池的開發及製造能力，則該公司欲提高市占率應採用何種策略？

(A)SO策略 (B)ST策略
(C)WT策略 (D)WO策略。

( ) **2** 從事營建工程的甲君上個月在工作時被掉落的物品砸到，受傷住院了二天。甲君可以請求賠償的保險不包含下列何者？

①產品責任險 ②人身意外保險 ③勞工保險 ④職業災害險 ⑤公共意外責任險

(A)①⑤ (B)②③
(C)②④ (D)③④。

( ) **3** 臺灣於1999年開始成立購物中心，自此開啟北中南各購物中心的發展。有關購物中心的敘述，下列哪一項正確？

(A)高雄夢時代購物中心內設有百貨公司、主題餐廳、遊樂園等，屬於郊區型購物中心
(B)購物中心的目標客群主要鎖定中高收入族群消費者
(C)購物中心是集多種業態與業種於一身的零售業態
(D)購物中心所販售之商品價格以高價位為主。

( ) **4** 近來網路駭客詐騙手法推陳出新，A君從網路購買防毒軟體來阻擋電腦被入侵，該產品屬於下列哪一種商品？

(A)實體商品 (B)數位化商品
(C)型錄購物商品 (D)線上服務商品。

( ) **5** 因疫情的影響，許多專門販售冷凍商品的店家興起，某創辦人鼓勵員工創業，並提供員工創業資金補助，輔導員工籌資成立分店及選定店址，總部協助商圈評估與負擔設備費用。此種連鎖型態屬於哪一種加盟類型？

(A)特許加盟　　(B)委託加盟
(C)直營連鎖　　(D)自願加盟。

(　　) **6** NIKE和APPLE兩公司合作研發了運動追蹤的應用程式 NIKE +，吸引了許多偏好運動訓練的消費者。這兩個不同產業結盟的優勢不包含下列哪一項？
(A)降低風險　　(B)具有互補的效果
(C)達到規模經濟　　(D)降低競爭者的障礙。

(　　) **7** 某豪華汽車公司為迎合企業界高階主管的經濟與財富狀況，推出全球頂級商務人士限量版的豪華汽車，該公司是以下列哪一種變數做為市場區隔的基礎？
(A)地理變數　　(B)人口統計變數
(C)心理變數　　(D)行為變數。

(　　) **8** 純電動汽車這幾年廣為大眾接受，市場快速成長，且路上愈來愈常見到純電動汽車，純電動汽車目前所處的產品生命週期有哪一個特徵？
(A)生產純電動汽車的競爭者很少
(B)買純電動汽車的人通常是追求剛上市類型產品的消費者
(C)企業常推出折價券、提醒性廣告等活動來刺激消費者的需求
(D)企業在廣告上力求突顯品牌間的差異，增加市場占有率。

(　　) **9** 公司主管將進行內部員工的年終績效考核，則下列敘述依序犯了何種錯誤？
①主管針對員工的評核等級有「表現突出」、「表現普通」、「表現一般」
②主管想提升員工士氣，預計將所有人的評比分數定於80～85之間
③主管認為新進某員工表達能力好、溝通順暢，其整體表現必定不錯
④主管認為個性內向的員工比較細心、辦事仔細

(A)標準不明、趨中傾向、刻板印象、月暈效果
(B)標準不明、趨中傾向、月暈效果、刻板印象
(C)趨中傾向、標準不明、月暈效果、刻板印象
(D)月暈效果、標準不明、趨中傾向、刻板印象。

( ) **10** 佳平經營一間便利超商，去年的銷貨成本為800萬元，營業毛利為300萬元，期初存貨為300萬元，期末存貨為100萬元，則該便利超商的存貨週轉率是多少？
(A)1 (B)2
(C)3 (D)4。

( ) **11** A君針對公司現有的窗簾產品，研發設計將市面上的太陽能板安裝在窗簾表面，增加窗簾的功能，這個窗簾產品可申請下列哪一項專利？
(A)發明專利 (B)設計專利
(C)新型專利 (D)創作專利。

( ) **12** 幸男將在公司會議報告市場競爭分析。為此，幸男蒐集各種產業報告、新聞、線上論壇、其他公司網站等多種資訊。在使用這些資料時，下列何者有觸法的疑慮？
(A)下載競爭者推出的試用版APP，試用一天後就移除該APP
(B)在報告中標註所引用資料的來源，若來源是網頁則加上超連結
(C)某YouTuber製作的產業分析影片內容豐富且風趣，幸男取得授權後於會議中播放
(D)某競爭者之註冊商標深植人心，銷售量大幅領先，幸男仿照相似的商標用在自家產品。

▲閱讀下文，回答第13-15題

王曉民為推動環境保護的理念，鼓勵某部落小農生產無農藥的水梨，並成立一家公司來收購這些無農藥水梨，再運用網路平台與社群進行銷售工作，同時將賣相不佳的水梨製成果醬來銷售。公司採取自給自足的經營方式，盈餘主要用於永續推動環境保護活動及聘請藝術家教導偏鄉學童創

作。另外將畫作轉化成文創商品，依客戶需求量身訂做商品，再將文創商品銷售所得捐給學校，資助學童支付營養午餐、急難救助等經費。

(　　) **13** 根據試題內容，王曉民所成立的公司，最符合哪一種組織型態？
(A)合夥　(B)社會企業
(C)有限合夥　(D)兩合公司。

(　　) **14** 將畫作轉化成文創商品，依客戶需求量身訂做商品，下列哪一敘述正確？
(A)該公司主要是以營利為目的
(B)該公司具有分工專業化之現代商業特質
(C)該公司具有商品客製化之現代商業特質
(D)該公司算承擔社會責任之經濟責任。

(　　) **15** 運用網路平台與社群進行水梨與加工品的銷售，此屬於哪一種通路階層？
(A)開放型商流通路　(B)選擇型商流通路
(C)零階通路　(D)中間商通路。

▲閱讀下文，回答第 16-17 題

林小明收到 C 賣場 DM，至賣場購買三盒限量的冷凍麻辣火鍋商品。結帳時，賣場結帳人員手持具光學自動閱讀與掃描的收銀機設備，逐項進行商品的掃描。付款時，小明以存於其手機內的某家銀行發行的信用卡進行支付。

(　　) **16** 賣場結帳人員手持具光學自動閱讀與掃描的收銀機設備，逐項進行商品的掃描，此為POS系統的應用。下列敘述哪一項正確？
(A)可於配銷時專供辨識使用
(B)可傳輸標準化資料向供應商訂貨
(C)可將POS機台資料直接分享給供應商
(D)可有效掌握限量商品的銷售情形以便補貨。

(　　) **17** 林小明付款時，是採用哪一種金流交易方式？
(A)行動支付　(B)第三方支付
(C)簽帳卡支付　(D)儲值卡支付。

▲閱讀下文，回答第 18-19 題

因應半導體產業蓬勃發展及全球淨零減碳趨勢，菁英半導體公司對外招募人才，對內教育訓練員工。該公司派中階主管參加某大學所開設的永續（ESG）課程，並安排基層主管至財團法人生產力中心參加溫室氣體盤查的課程，同時安排所有員工參加公司內部的線上課程，部分員工至標竿企業觀摩淨零減碳的作法。

(　　) **18** 根據上述情境，有關公司的教育訓練，下列哪一項敘述正確？
(A)安排所有員工參加公司內部的線上課程，屬於進修訓練
(B)部分員工至標竿企業觀摩淨零減碳的作法，屬於現場實習
(C)基層主管至財團法人生產力中心上溫室氣體盤查的課程，屬於職外訓練
(D)派中階主管參加某大學所開設的ESG課程，屬於在職訓練開班授課課程。

(　　) **19** 該公司招募相關人才甚多，人資人員到大專院校舉辦招募說明會。下列哪一項敘述正確？
(A)透過招募說明會挑選合適的人才，屬於用人工作
(B)人資人員會說明工作地點、工作內容與工作職責等，屬於工作規範
(C)該公司提供學生實習名額，並成功媒合多位學生參與實習，屬於在職訓練
(D)該公司提供實習學生實習薪資外，並提供轉正職的獎金，屬於薪資制度的激勵原則。

▲閱讀下文，回答第 20-21 題

某餐飲公司為達成永續經營之目標，善盡企業社會責任，公告永續報告書，揭露財務資料如下表。

			單位：百萬
	2020 年	2021 年	2022 年
銷貨淨額	5,200	6,000	7,200
銷貨成本	3,120	3,000	3,240
銷貨毛利	2,080	3,000	3,960
稅後淨利	780	600	1,296
			單位：元
EPS（每股盈餘）	10	9	12
每股市價	180	144	240

(　　) **20** 該公司2022 年的毛利率與本益比各為多少？
(A)毛利率40%，本益比18　(B)毛利率55 %，本益比20
(C)毛利率50%，本益比16　(D)毛利率50 %，本益比20。

(　　) **21** 有關該公司的財務敘述，下列哪一項正確？
(A)本益比越高，表示企業未來的成長性較高
(B)該公司的純益率在2021年下降，顯示該年獲利能力比較佳
(C)對投資者而言，若公司的本益比低於同業，顯示投資者之投資風險較高
(D)該公司的毛利率逐年上升，顯示該公司以較高的成本生產售價較高的產品。

▲閱讀下文，回答第 22-25 題

石斑魚是臺灣重要的外銷魚種，年產量近 16,000 公噸，產值約 40 億元新臺幣。石斑魚外銷主要集中於某國約佔 90 %。然而，該國突然在 2022 年 6 月 10 日起以檢出禁用藥物及土黴素超標為理由，暫停臺灣石斑魚輸入，一時間造成臺灣石斑魚滯銷，對漁業產生很大的衝擊。力加漁業公司此時驟然失去 70% 的銷售量，創辦人沒有怨天尤人，反而積極尋找與聯繫其他國家的客戶，並迅速導入真空包裝生產設備，努力在最短時間內解決問題。為了擴展新的出口市場，該公司創立石斑魚品牌，將現撈漁獲急速冷凍後出口，透過當地電商平臺銷售給一般民眾。同時，該公司將

石斑魚去皮、切塊、去骨、去頭尾後以真空包裝放到電商平台銷售。另外，力加為加強掌握新的外銷地區市場競爭與消費者喜好，蒐集美國、以色列……等國社群網路上的圖文資料、社會新聞、氣候變化、美食節目影片，還有不同國家客戶造訪力加網站的瀏覽紀錄，再利用電腦分析以得到重要的商業智慧。該公司透過一系列的措施，突破困境。

( ) **22** 該公司將石斑魚加工後以真空包裝放到電商平台銷售，是下列哪一種生產型式？
(A)勞務生產 (B)效用生產
(C)形式生產 (D)原始生產

( ) **23** 創辦人在面對市場突發狀況下展現最明顯的是哪一種創業家的特質？
(A)掌控性 (B)成就動機
(C)預警性 (D)風險承擔與堅持

( ) **24** 力加創立石斑魚品牌，將加工漁貨透過電商平臺銷售給一般民眾，是採用電子商務的哪一種經營型態？
(A)企業對企業（B2B） (B)企業對消費者（B2C）
(C)消費者對消費者（C2C） (D)消費者對企業（C2B）

( ) **25** 根據上述情境，該公司蒐集多個市場的多種消費者相關資訊進行分析，是運用哪一種資訊流？
(A)大數據 (B)電子訂貨
(C)銷售時點情報 (D)電子資料交換

解答與解析

Chapter 01　商業基本概念

P.11 **1 (B)**。商業活動必須同時符合四項條件：(1)發生交易行為、(2)以營利為目的、(3)出於合法手段、(4)出於雙方自願。依題意，陳教授以無條件方式借錢給友人不屬於商業活動。

2 (A)。經濟責任：對消費者、股東及員工謀求最大利益，這是企業最必要之基本責任。

3 (D)。效用生產是指該生產活動具備有商業行為。

4 (C)。兩合公司：一人以上無限責任股東及一人以上有限責任股東。無限責任股東對公司債務負連帶無限清債責任；有限責任股東，以出資額為限，對於公司負其責任。

5 (B)。現代企業除了遵守法律上所保障的工作時數，最低薪資與組織工會的權利外，更應提供員工安全、健康、平等的工作環境，以及教育訓練補助，生涯發展的協助等。

P.12 **6 (C)**。現代商業的特質之一是生產標準化；現代企業為求降低成本，提高利潤，採取作業標準化方式，將產品的型式、規格、品質及製造程序均製作一定的標準，便利行銷與管理。

7 (C)。自由裁量責任：企業「自願」承擔的責任，非倫理亦非法律之規定；倫理責任：大眾對企業的期待，雖然沒有強制規範，但企業基於正確的價值判斷亦應負起的責任。

8 (A)。分工專業化：現在企業的規模日益擴大，商品的種類日漸繁多，為了效率與品質，工作的內容走向專業分工。

9 (D)。兩合公司由一人以上無限責任股東與一人有限責任股東組織之，無限責任股東，對公司債務負連帶無限清償責任；有限責任股東，以出資額為限，對於公司負其責任。依題意王大器為無限責任股東，張偉朋為有限責任股東。

10 (C)。自由裁量責任：考量企業的資源，積極負起社會責任。

11 (A)。現代商業的特質之一是分工專業化，現代企業的規模日益擴大，商品的種類日漸繁多，為了效率與品質，企業不得不將工作分工，並講求專精，故工作的內容走向分工專業化。

P.13 **12 (B)**。生產種類可分成：

(1)原料生產：又稱原始生產，指利用大地資源從事生產。

(2)形式生產：又稱工業生產，改變原料原來的形狀或樣式，增加效用的一種生產。

(3)商業生產：又稱效用生產，藉由商業行為創造效用。

13 **(B)**。目標市場的選擇策略之一差異化行銷策略是指企業設計數種行銷策略，針對不同市場區隔，提供不同商品。

14 **(B)**。物流中心的作業內容：商品加工、倉儲保管、運輸配送，及提供資訊。

15 **(A)**。國庫券是政府發行的一種短期債券，期限均在一年之內，分為甲、乙兩種，期限有91天期，182天期及364天期三種。

16 **(C)**。商業的社會責任的內容包括(1)經濟責任：對消費者、股東及員工謀求最大的福利。(2)法律責任：一切商業活動皆須符合法律的規範。(3)倫理責任：必須具有道德判斷的能力，考慮到倫理責任。(4)自由裁量責任：考慮企業的資源，積極負起社會責任。

17 **(D)**。自由裁量責任：考量企業的資源，積極負起社會責任。

18 **(B)**。現代商業的特質共有8項，分別是：(1)分工專業化、(2)資本大眾化、(3)管理民營化、(4)業務多角化、(5)經營國際化、全球化、(6)作業標準化、(7)商品客製化、(8)資料處理電腦化。

P.14 **19** **(C)**。商業的要素是指一般商業在經營上不可或缺之條件，而商業經營基本要素中的「資本」要素，並不包含經營者技能證照。

20 **(D)**。由個人出資，獨立經營，自負盈虧，是最簡單、最原始的商業組織。

21 **(A)**。第一階段（個人責任時期或商人時代）：商業業主獲利，就是對社會有利，可以增加國家的稅收。

22 **(C)**。商業經營的基本要素有資本、商品、勞務、商業組織及商業信用等五大要素。

23 **(D)**。獨資企業的特性：由個人出資，獨立經營，自負盈虧，是最簡單、最原始的商業組織，不具法人資格，負無限清償責任。

24 **(C)**。有限公司需由一人以上的股東組成。

25 **(D)**。(A)有限公司、股份有限公司之股權轉移不需過半數同意。(B)家扶基金會是以公益為目的的財團法人。(D)物流業者所提供的生產活動屬於形式生產。

26 **(A)**。商業經營的基本要素有資本、商品、勞務、商業組織及商業信用等五大要素。依題意是指勞務。

P.15 **27** **(C)**

28 **(A)**。商業生產種類的地方效用。

29 **(D)**。固有商業：又稱基本商業、純粹商業，指直接買進賣出商品的商業，即一般的買賣業。

30 **(A)** **31** **(A)**

32 **(B)**。社會責任的內容：法律責任。

33 (D)。商業活動要同時符合四個條件發生交易、以營利為手段、出於合法手段，出於雙方自願。

P.16 **34 (A)**。社團法人乃多數人集合成立之組織體，其組成基礎為社員，無社員即無社團法人。一般依其性質之不同，又可細分為：(1)營利社團法人－公司、銀行。(2)中間社團法人－同鄉會、聯誼會、藥師公會。(3)公益社團法人－農會、漁會、工會等人民團體。

35 (C)。第二階段（管理者責任時期或商業時代）：約在第二次世界大戰之前，商業普遍認為對企業組織與管理對社會的影響甚大，不僅要追求最大利潤，也要致力提升商業的經營管理的績效。

36 (C)。輔助商業：不直接從事貨物的買賣，而是提供金錢或勞務買賣業進行之行業。如金融業、保險業、倉儲業。

37 (C)

38 (B)。要同時符合四個條件：發生交易、以營利為手段、出於合法手段，出於雙方自願。

39 (C)。商業活動必須同時符合：(1)發生交易行為、(2)以營利為目的、(3)出於合法手段、(4)出於雙方自願等四項條件。

40 (B)

41 (D)。(A)機器替代人工，(B)作業標準化，(C)發行股票的方式。

Chapter 02 企業家精神與創業

P.26 **1 (A)**。內在環境：優勢（S）對競爭者有利。外在環境：機會（O）。

2 (D)。危機管理的原則：(1)積極性、(2)即時性、(3)真實性、(4)統一性、(5)責任性、(6)靈活性、(7)預防重於治療、(8)成本效益性、(9)虛心檢討。依題意：當面臨食安風暴時，在事件發生後馬上承認疏失是符合「即時性」，並誠實揭露所有訊息是符合「真實性」，且承諾只要是該公司出售的問題商品全部回收退費是符合「責任性」。

3 (A)。依題意：開設網路商店的主要獲利來源不包含廣告費。

4 (A)。資金風險：指的是公司錯估創業所需的資金，或者是在資金的調度，配置不當而導致經營失敗的風險。

5 (A)。以寫作為創業是屬於創意服務類。

6 (C)。外部環境分析包括機會（opportunities）和威脅（threats）的分析依題意是屬於外部環境的機會分析。

P.27 **7 (B)**。多角化（多元化）的經營策略是指企業致力於多角化經營，不但可以風險分散，而且可以保持本身的競爭力及靈活度。

8 (D)。自行創業的風險可分為內在風險、外在風險，內在風險有：(1)業務風險（經營風險）、(2)財務風險：外在風險有：(1)市場風險、(2)

政策法令風險、(3)天災風險。依題意該敘述不包含「災害風險」。

9 (D)。企業危機的類型有四種：(1)天然災害、(2)競爭攻擊、(3)人為疏失、(4)替代發酵。

10 (C)。網路購物的經營優勢有5項，分別是：(1)降低營業費用、(2)行銷力無限延伸、(3)無倉儲困擾、(4)交易不受時空限制、(5)可快速更新資訊。

11 (B)。企業面臨的風險可區分成內部風險和外部風險，內部風險有經營風險、資金風險與合夥風險，外部風險有市場風險、法律風險與災害風險。內部風險的經營風險是指公司內部錯估產能，產品上下游的供應商無法配合，或者是公司本身技術不足等等，在公司營運上可能會引起的風險。

P.28 **12 (B)**。明茲伯格（Henry Mintzberg）認為管理者的角色可以分成三大類：(1)人際角色：代表人物、領導者、聯絡人。(2)資訊角色：監控者、傳播者、發言人。(3)決策角色：創業家、危機處理者、資源分配者、談判者。

13 (B)。危機的特性：(1)不確定性、(2)階段性、(3)時間之緊迫性、(4)威脅性、(5)雙面效果性：危機可能同時為組織帶來負面效果與正面效果。

14 (A)。外部分析的機會（opportunity）是正面的外在環境因素，威脅（threat）則是負面因素。依題意日本政府採日幣貶值政策，是有利於日本出口商其出口成本下降，所以是正面的外在環境因素即是機會。

15 (D)。危機管理：(1)成立跨部門小組，不斷搜尋與思考企業的未來的發展。(2)指派具法務素養的主管為發言人，在危機發生的第一時間發言。(3)透明坦白誠實正直，不欺騙、不隱瞞，勇敢面對危機。反而會有轉機。

16 (C)。企業可投保的產險種類有七種，其中產品責任險是指承擔保險人因過失或疏忽所致之損害賠償責任。

17 (A)。進行創業性向測試評估這是創業前的自我檢視，應該在創業準備期之前所準備的工作。

P.25 **18 (C)**。企業家應具備的特質：(1)自我引導、(2)自我激勵、(3)行動導向、(4)高度的精力、(5)容忍不確定性（即風險）。依題意風險趨避性並非成功企業家所具備的特質

19 (B)。公司技術創新將帶來新商機，這是商業機會並非創業的風險。

20 (C)。員工福利的範圍可包括下列四類：(1)經濟性福利、(2)設施性福利、(3)娛樂性福利、(4)教育性福利。依題意公司為員工投保職業災害保險是屬於經濟性福利。

21 (B)。擬妥危機處理計畫，不是危機發生時（爆發期）才進行的工作。

22 (A)。職業災害是指勞工在工作場所所受到的職業疾病，工廠為保障員工需投保職業災害保險。

23 (A)。經營網路拍賣：主要的獲利來源有網路賣家所支付的廣告費、刊登拍賣物件的刊登費、成交之後的手續費。

24 (A)。危機管理是指企業若要繼續生存與成長，應需要具備一套有計劃、有系統、有理想的執行步驟來因應突發狀況。

30 **25 (C)**。法律風險是指因為政府政策與相關法律改變所導致的風險。

26 (A)

27 (A)。屬於企業危機的特性裡的嚴重性。

28 (B)。(A)有權要求支付保險費者為保險人。(C)保險的主管機關為金融監督管理委員會保險局。(D)企業購買保險的目是風險轉移與風險融資。

29 (D)。防禦性策略（WT）：就是直接克服內部劣勢（W）及避免或減輕外部環境的威脅（T）。

30 (A)。易逝性是服務特性之一。

31 (B)。公共意外責任險的理賠範圍：(1)被保險人或其受僱人因經營業務之行為在本保險單載明之營業處所內發生之意外事故。(2)被保險人營業處所之建築物、通道、機器或其他工作物所發生之意外事故。

P.31 **32 (B)**。屬於危機管理的原則之一的統一性。

33 (C)。企業願景發展策略的步驟是開發願景、瞄準願景、實現願景。

34 (D)。防禦性策略（WT）：就是直接克服內部劣勢（W）及避免或減輕外部環境的威脅（T）。

35 (C)

36 (D)。災害風險是指自然災害或是人為災害所導致的創業風險。

37 (D)

38 (B)。企業經常要設法調整內在環境，以適應外在環境的變遷。

39 (B)

P.32 **40 (D)**

41 (C)。保險業之中央主管機關是金融監督管理委員會保險局。

42 (C)

43 (C)。開設網路商店的收入主要是來自商品的銷售。

44 (D)。企業聲譽再造不屬於危機爆發期之危機處理作業。

45 (B)。災害風險是指自然災害或是人為災害所導致的創業風險。

46 (D)。責任保險的要保人是被保險人即企業。

47 (D)　**48 (A)**

Chapter 03 商業現代化機能

P.50

1 (B)。選擇型商流：製造商需要根據商品的特性，選擇合適的商家來進行商品的流通。

2 (D)。銷售點管理系統（Point of Sales）利用一套具光學掃描功能的收銀機系統，運用其電腦登錄、統計、傳輸資料的功能，能把銷貨、進貨、存貨等資料，透過電腦處理與分析後，列印出各種報表，提供業者營運管理與決策之參考。

3 (D)。廣義的物流則是結合上游材料市場與下游銷售市場之物品的流通，包括材料之採購，進貨、半製品之管理及製成品之包裝、倉儲等。

4 (C)。服務的特性有4種：(1)無形的、(2)不可分割的、(3)易逝性、(4)品質變異性，依題意是：不可分割的、品質變異性、無形的。

5 (B)。依題意：(1)實體商品、(2)數位化商品、(3)線上服務商品。

P.51

6 (B)。銷售點管理系統（point of sales，簡稱POS）又稱銷售時點管理系統是企業蒐集銷售情報的主要工作。POS利用一套具光學掃描功能的收銀機系統，運用其電腦登錄、統計、傳輸資料的功能，針對商品的銷售，來迅速記帳及開立發票外，並能把銷貨、進貨、存貨等資料，透過電腦處理與分析後，列印出各種報表後，提供業者營運管理與決策之參考。

7 (A)。(1)金流是指資金的流通，消費者以信用卡完成支付即屬之。(2)商流是指商品的流通，消費者透過訂房網站平台完成交易。(3)資訊流是指資訊情報的流通，訂房網站以結合電腦和通訊技術，協助商流、物流與金流的作業處理。(4)一階通路是指生產者的產品僅透過一個中間機構，轉售給消費者。旅館業者，透過訂房網站將服務銷售給消費者，故為一階通路。

8 (A)。銷售點管理系統(point of sales，簡稱POS)又稱銷售時點管理系統。POS利用一套具光學掃描功能的收銀機系統，運用其電腦登錄、統計、傳輸資料的功能，能把銷貨、進貨、存貨等資料，透過電腦處理與分析後，列印出各種報表，提供業者營運管理與決策之參考。

9 (C)。金流的定義：金流是指資金的流通，企業與企業間或企業與消費者之間交易完成所產生資金流通。包括現金支付、轉帳、匯兌、票據交換等事宜。資訊流通的意義：資訊流是指資訊情報的流通，主要在結合電腦和通訊技術，協助商流、物流與金流的作業處理。

10 (B)。根據物品的性質與銷售對象，物流可分為消費品物流與工業品物流兩種類型；而消費品物流是指供最終消費者使用的物品之流通，如民生消費用品之流通。

11 (D)。使用EOS系統對供應商之效益：(1)易於掌握零售商之進貨情形，降低庫存量，有助於製程的安排。(2)可快速回應訂單處理的情況，滿足零售商快速服務的要求。(3)縮短接單的時間，降低成本，掌握資金的運用。

12 (C)。金流的意義：金流是指資金的流通，企業與企業間或企業與消費者之間交易完成所產生資金流通。包括現金支付、轉帳、匯兌、票據交換等事宜。

52 **13 (D)**。業際整合化是指企業之間利用各自在不同領域的專長，及不同接觸顧客的管道，以各種合作方式提供顧客更圓滿的服務。

14 (A)。(A)二維條碼（2D Bar code）1993年自美國引進，不同以往一維條碼最多僅能儲存28個字元，二維條碼則能儲存1100個字元，約500個中文字，安全性方面；二維條碼可在編碼及解碼時加上密碼，一維條碼無此功能，憑肉眼即可看出。(B) EAN碼（European Article Number）是以歐洲國家為主體，於1977年所發展出來的，EAN碼共有13位數字，由0～9所組成，這些數字中有國碼、廠商號碼，商品編號及檢查碼。我國於1996年取得EAN會員國資格，以「471」為國家代碼。(C)原印條碼（Source Marking）：指產品在製造商生產階段已印在包裝上的商品條碼，經由商品供應商申請，在產品出廠前即已印妥，適會大量生產的產品。例如：標準碼（EAN－13，UPC－A），縮短碼（EAN－8，UPC－E，EAN－13＋附加碼）。(D)店內條碼（In-store Marking）：一種僅供店內自行印貼的條碼，僅可以在店內使用，不能對外流通的條碼。例如：價格檢索型（PLU），非價格檢索型。（NON－PLU）。

15 (B)。物流的三個功能分別是：運輸功能、倉儲功能、協調功能。

16 (C)。資訊流的意義：是指資訊情報的流通，又稱情報流。主要在結合電腦和通訊技術，協助商流、物流與金流的作業處理。

17 (B)。推動自動化及電子化，以提升商業交易速度。

18 (A)。資訊流所運用的工具：條碼（Bar Code）、銷售管理系統（POS）、加值型網路系統（VAN）、電子訂貨系統（EOS）、電子資料交換系統（EDI）。

19 (B)。「顧客滿意度指標」（Customer Satisfaction Index，簡稱CSI）將服務品質予以標準化及數量化，建立一套顧客滿意的標準。

P.53 **20 (B)**。(3)服務流可視為物流、金流與資訊流等機能的延伸。(4)商流除了製造商與批發商間的交易活動，也包括零售商與消費者間的互動。

21 (A)。選擇交易工具考量的因素有：(1)安全性、(2)公開性、(3)有效性、(4)便利性、(5)時效性。

22 (**A**)。服務的特性之一的易消逝性。

23 (**C**)

24 (**C**)。服務的特性之一的易消逝性。

25 (**A**)。商流是指商品流通，商品藉由交易活動而產生的流通過程。從交易成立，進貨、銷貨、存貨及帳務處理等作業，都是商流的範圍。

26 (**B**)。簽帳卡是一種先消費後付款的信用工具。

27 (**A**)。顧客關係管理係指企業運用完整資源，全面了解每位客戶，再透過所有管道與客戶進行互動以達成提身客戶價值的目的。

P.54 **28** (**A**)。金流是指資金的流通，企業與企業間或企業與消費者之間交易完成所產生資金流通。資訊流是指資訊情報的流通，又稱情報流。主要再結合電腦和通訊技術，協助商流、物流與金流的作業處理。

29 (**D**)。物流的功能有：運輸功能、倉儲功能、協調功能。

30 (**D**)。(A)原印條碼是指在製造商生產階段，就已將條碼直接印貼於產品包裝上。(B)不論是標準碼或縮短碼，檢核碼都是1位數。(C)二維條碼能儲存的資料比一維條碼更多。

31 (**D**)。商業現代化的目標有五項分別是：鼓勵利用物流中心降低流通成本、促進經濟發展與城鄉之均衡發展、改善商業環境、維護公平合理的商業秩序、提升商業之服務品質，創造良好的消費環境。

32 (**B**)。(A)商流的特性依商品特性可分為開放型商流、選擇型商流。(C)信用卡、簽帳卡與都是先消費後付款。(D)條碼是商業自動化的基礎，也是EDI、POS、EOS、VAN的共通語言。

33 (**C**)

34 (**C**)。顧客關係管理的實施四大步驟如下：資料蒐集→資料儲存→資料分析→資料運用。

Chapter 04 商業的經營型態

P.76 **1** (**C**)。零售業對製造商的功能：(1)行銷的功能：製造商可透過零售業將產品轉移到消費者手中，使得製造商專心於製造，不必承擔銷售的風險。(2)倉儲的功能：零售業者為能充分供應消費者需要而多儲存商品，無形中分攤了製造商的倉儲成本。(3)資訊的功能：常會將顧客的反應提供給製造商，無形間也替製造商蒐集商品情報，做為改進的參考。

2 (**A**)。專賣店（Speciality Store）是指專門銷售某一系列商品的零售商店。五金行原先僅銷售五金商品，這稱為專業零售業；之後轉型為賣場，可購足平日所需的物品，則該零售業的經營型態轉型為綜合零售業。

3 (**B**)。依題意內容未涉及自有品牌的開發。

4 (D)。專賣店是指專門銷售某一系列商品的零售商店。專賣店的從業人員具有較多的專業知識，在消費者選購商品時能夠提供較多的專業諮詢服務，符合某些特定對象的需求。專賣店的特質：(1)商品線狹窄，但具深度化。(2)專業性服務。(3)重視顧客的溝通。

5 (A)。居間商是不擁有商品所有權的批發商，以賺取銷售金額之一定比例的佣金為其主要收入。又可區分為代理商與經紀商兩類，代理商是受買方或賣方的委託，代理執行受委託事項之批發商。

6 (D)。網路購物的特質之一，業者可在網路上任意展示多樣化的商品項目，不致有存貨及成本的顧慮。

.77 **7 (B)**。多層次傳銷（Multi level Marketing）是指公司利用多層次的傳銷商或個人來販售商品的零售業態。每一個傳銷商或個人除了可以銷售商品賺取利潤外，還可以自行招募下一層的傳銷商或個人以建立其銷售網，並透過此一銷售網來銷售商品，以賺取利益。

8 (C)。量販店是指同時結合倉儲與賣場，以從事多種大宗商品零售的業者，包括批發倉儲店及超大型賣場。其經營優勢有：(1)貨色齊全、(2)低價格導向、(3)便利性高、(4)現代化的經營管理技術。

9 (D)。專賣店的特質：(1)商品線狹窄但具深度化、(2)以行銷商品為中心且有專業服務人員、(3)重視與顧客的溝通。

10 (C)。生鮮處理中心的功能：

(1)提供零售商整合性服務：生鮮處理中心同時從事採購、運銷及販售等服務，提供零售商整合性服務。

(2)滿足現代零售商多元化之需求：生鮮處理中心具備低溫儲存、完整作業程序、自動化設備，專業管理人才，以滿足超市、量販店等零售商各項不同的需求，將生鮮食品保持在最佳狀態供輸給零售商。

11 (C)。網路購物的商品種類有三大類：(1)實體商品、(2)數位化商品、(3)線上服務商品，其中線上服務商品是指透過網路提供服務性商品，可以節省人力，提升效率。

12 (A)。物流中心若以成立的業者而分，有(1)製造商成立的物流中心、(2)零售商成立的物流中心、(3)批發商或代理商成立的物流中心、(4)貨運公司成立的物流中心。而統一企業為製造商，為了提高物流效率所成立的捷盟行銷公司，稱為製造商成立的物流中心。

P.78 **13 (B)**。利用許多層次的傳銷商或個人來販售商品的零售型態。每一個傳銷商或個人除了可以銷售商品賺取利潤外，還可以自行招募下一層的傳銷商或個人以建立其銷售網，並透過此一銷售網來銷售商品，以賺取利益。

14 (A)。專賣店是指專門銷售某一系列商品的零售店。

15 (B)。現代化的購物中心是由一群零售商，經由統一的規劃開發持有與管理所聚集而成的大賣場。

16 (D) **17 (D)**

18 (A)。直效行銷是指透過廣告傳單、電視、廣播、報紙、電話、雜誌等方式來傳遞商品資訊，使消費者透過電話、傳真或網路下訂單，並以郵政劃撥或提款卡轉帳方式付款的零售業態。

19 (C)。購物中心能提供購物、餐飲、會議、展示、休閒娛樂、教育文化等多元功能。

20 (C)。多採自助式銷售，商品以多樣少量為主。

P.79 **21 (B)**。購物中心設有一家以上的主力商店，以專門店的方式經營，提供多樣化的商品組合，能同時滿足消費者購物、休閒娛樂需求的業態。

22 (C)。業種是以販賣的商品種類來劃分的不同行業。

23 (B)。代理商是受買方或賣方的委託，代理執行受委託事項之批發商。經紀商是買方與賣方之間的媒介，促使買賣條件達成一致而完成交易的批發商。

24 (D)

25 (D)。販售單位大、進貨價格便宜、顧客固定。

26 (D)。百貨公司的商品種類繁多，且具流行，專賣店的商品線狹窄，但具深度化。

27 (C)。業態就是以經營型態或方式來劃分的不同行業。即業態是以商品的銷售方式為基礎來區分。

28 (B)

P.80 **29 (C)**。便利商店的經營成本高，售價高，不具有價格的優勢。

30 (B)。百貨公司的商品具有高度的流行性。

31 (B)

32 (A)。業種就是以販賣商品的種類，來劃分的不同行業。

33 (A)。物流中心（Distribution Center，簡稱DC）是為了達到有效連結製造商與消費者，縮短流通通路等目的而成立之新興批發業態。

34 (B)

P.81 **35 (D)**。業種就是以販賣商品的種類，來劃分的不同行業。業態就是以經營型態或方式來劃分的不同行業。(D)超級市場是以提供生鮮食品為主的業態店。

36 (C)。業種就是以販賣商品的種類，來劃分的不同行業，例如「文具店」販賣文具，「服飾店」販賣服飾。業態就是以經營型態或方式來劃分的不同行業，例如百貨公司、便利商店、超級市場、量販店等。業態店的消費者擁有較多的購買資訊與選擇。

37 (A)。由製造商成立的物流中心，簡稱P.D.C.

38 (A)。無店舖經營型態的種類有：自動販賣、人員直銷、直效行銷。

Chapter 05 連鎖企業及微型企業創業經營

P.93

1 (C)。自願加盟連鎖（Voluntary Chain，VC）：由分散各地的零售店，為求享有降低進貨成本及提升競爭能力之連鎖體系優勢，又希望保有商店的獨立自主性，各商店結合起來的連鎖商店。

2 (C)。(1)標準化（Standardization）：不論總部的採購訂貨，分支店的進貨、商品陳列販售，均按固定的模式或程序來進行。(2)簡單化（Simplification）：去除不必要的作業流程或縮短作業時間，所有作業方式都按照手冊所詳載的內容來運作。(3)專業化（Specialization）：指工作上分工精細，趨向專業化。

3 (D)。銷售通路的運用，一同進行商品企劃的促銷活動，或者針對共同的目標提供顧客服務進行的結盟方式，稱為「行銷及售後服務型結盟」。

4 (B)。連鎖企業的經營定義：連鎖經營是指在同一經營體制及政策下，各連鎖商店之店面裝潢、招牌、商品陳列、商品結構、賣場設計、服務方式、管理作業及促銷活動等，均由總部統一運作，遵循一定的標準程序。

5 (A)。百貨商場和餐飲品牌業者合作乃異業結盟，而餐飲品牌業者，推出符合百貨定位的「客製化品牌」是行銷策略，而百貨商場延長營業時間配合餐飲品牌業者，則是售後服務的作法。

P.94

6 (D)。連鎖加盟的定義：凡兩家以上經營相同業務、招牌、形象均一致者為連鎖企業。連鎖企業總部與加盟店二者間存續契約關係。根據契約，總部必須提供一項獨特的商業特權，並加以人員的訓練、組織結構、經營管理，以及商品供銷的協助；而加盟店也需要提供相對的付出。

7 (C)。異業結盟是指兩種或兩種以上不同的業種基於公司的目標，以訂定契約的方式相互結合，使雙方資源充分發揮，產生最大的營業效果。簡言之，即不同行業的結合。異業結盟的優點：(1)提供企業知名度、(2)在互補下提供業績、(3)共享資源，降低成本及風險、(4)增加競爭力、(5)便利消費。

8 (A)。(1)直營連鎖：又稱所有權連鎖，係指分支店均為總部所有，總部與分支店之所有權相同，並由總部負責全部之人事、採購、經營管理及投資規劃之連鎖店。(2)委託加盟：又稱委任加盟連鎖，總部提供店面委託加盟者經營，店面一切均由總部提供，加盟者僅繳付加盟金及權利金。

9 (C)。自願加盟連鎖：由分散各地的零售商，為求享有降低進貨成本及提升競爭能力之連鎖體系優勢，又希望保有商店的獨立自主性，各商店結合起來的連鎖商店。

10 (A)。流通結盟（或通路結盟）：例如全家便利商店與台灣宅配通合作，以24小時全年無休方式宅配全台，使商品快速送達消費者手中。

11 (C)。直營加盟（Regular Chain，RC）又稱所有權連鎖，係指分支店均為總部所有，總部與分支店之所有權相同，並由總部負責全部之人事、採購、經營管理及投資規劃之連鎖店。例如：太平洋SOGO、大潤發、全國電子等。各分支店的營虧也都歸由總部。

P.95 **12 (D)**。異業結盟（Alliances Among Different Layers）是指兩種或兩種以上不同的業種，基於共同的目標，以訂定契約的方式相互結合，使雙方資源充分發揮，產生最大的營業效果，簡言之，即不同行業的結合。異業結盟的類型有：(1)生產製造型結盟、(2)技術研究發展型結盟、(3)流通型結盟、(4)行銷及售後服務型結盟、(5)財務型結盟、(6)人力資源型結盟、(7)資訊結盟。

13 (D)。人力資源型結盟：例如某美髮結盟店與國內某些專科學校、職業學校建教合作，由校方提供學生至結盟店實習，由聯盟店給付薪資作為學費之用，表現良好者在畢業後可繼續在聯盟店正式服務，解決聯盟店的人力問題。

14 (B)。異業結盟（Alliances Among Different Layers）是指兩種或兩種以上不同的業種，基於共同的目標，以訂定契約的方式相互結合，使雙方資源充分發揮，產生最大的營業效果，簡言之，即不同行業的結合。異業結盟的類型有：(1)生產製造型結盟、(2)技術研究發展型結盟、(3)流通型結盟、(4)行銷及售後服務型結盟、(5)財務型結盟、(6)人力資源型結盟、(7)資訊結盟。

15 (A)。委託加盟連鎖：總部提供店面委託加盟者經營，店面一切均由總部提供，加盟者僅繳付加盟金及權利金。

優點：(1)總部統一採購進貨，可降低營運成本。(2)藉由總部專業的技術與設備，能快速展店。

缺點：合適的委託者不容易找。

16 (B)。異業結盟（Alliances Among Different Layers）是指兩種或兩種以上不同的業種，基於共同的目標，以訂定契約的方式相互結合，使雙方資源充分發揮，產生最大的營業效果，簡言之，即不同行業的結合。異業結盟的類型有：(1)生產製造型結盟、(2)技術研究發展型結盟、(3)流通型結盟、(4)行銷及售後服務型結盟、(5)財務型結盟、(6)人力資源型結盟、(7)資訊結盟。

17 (A)。連鎖經營對總部的優點有：(1)快速的開發市場、(2)提升品牌知名度、(3)發揮垂直整合的功效、(4)

累積經營技術、分散風險、(5)達到經營規模的效益。對加盟者的優點有：(1)可以使用具知名度名牌、(2)快速複製經營技術、(3)降低失敗風險、(4)降低營運成本，增加獲利、(5)資訊取得。依題意連鎖炸雞速食業者，相對於單點的炸雞排不具有在地的差異化服務的優勢。

18 (C)。連鎖店的經營管理遵守3S原則，分別是：(1)簡單化、(2)專業化、(3)標準化，而標準化是指不論總部的採購訂貨、分支店的進貨、商品陳列販售，均按固定的模式或程序來進行。

P.96 **19 (B)**。微型企業投資金額不大，經營規模小，風險性較低，但仍須評估是否可以創業。

20 (B)。自願加盟是由分散各地的零售商，為求享有降低進貨成本及提升競爭能力之連鎖體系優勢，又希望保有商店的獨立自主性，各商店結合起來的連鎖商店。自願加盟的缺點：(1)連鎖總部強制力較弱，經營品質難要求一致。(2)加盟店自主權較高，不易凝聚共識及維持統一形象。

21 (B)。自願加盟連鎖：由分散各地的零售商，為求享有降低進貨成本及提升競爭能力之連鎖體系優勢，又希望保有商店的獨立自主性，各商店結合起來的連鎖商店。

22 (A)。直營連鎖：又稱所有權連鎖，係指分支店均為總部所有，總部與分支店之所有權相同，並由總部負責全部之人事、採購、經營管理及投資規畫之連鎖店。例如：新光三越、家樂福、全國電子等。各分支店的盈虧也都歸由總部。

23 (D)　**24 (A)**

25 (B)。委託加盟連鎖又稱委任加盟連鎖，總部提供店面委託加盟者經營，店面一切均由總部提供，加盟者僅繳付加盟金及權利金，所以在利潤分配上總部分配比例較特許加盟連鎖為高。

26 (B)。資訊型結盟：例如信用卡發卡提供客戶名單給郵購公司，或透過異業結盟進行客戶情報交流，可以減少蒐集的成本，增加客源。

P.97 **27 (C)**

28 (C)。自願加盟：由分散各地的零售商，為求享有降低進貨成本及提升競爭能力之連鎖體系優勢，又希望保有商店的獨立自主性，各商店結合起來的連鎖商店。

29 (D)

30 (D)。委託加盟又稱委任加盟連鎖，總部提供店面委託加盟者經營，店面一切均由總部提供，加盟者僅繳付加盟金及權利金，所以在利潤分配上總部分配比例較特許加盟連鎖為高。

31 (A)。賣場管理：由總部提供賣場管理技術，連鎖店的賣場布置基本上都是一致的。包括賣場的亮度、空間的舒適性、商品的陳列、設備的購置、保養與維護及商品鮮度檢查等作業管理。

32 (A)。簡單化：包括作業程序及作業內容兩方面。所謂作業程序簡化，即去除不必要的作業流程或縮短作業時間。作業內容的簡化，是指編製作業手冊，所有作業方式都按照手冊所詳載的內容來運作，不論任何人均能在短時間內上線操作，以避免人員異動的困擾。

33 (B)。異業結盟是指兩種或兩種以上不同的業種，基於共同的目標，以訂定契約的方式相互結合，使雙方資源充分發揮，產生最大的營業效果，簡言之，即不同行業的結合。

34 (B)。異業結盟是指兩種或兩種以上不同的業種，基於共同的目標，以訂定契約的方式相互結合，使雙方資源充分發揮，產生最大的營業效果。

P.98 **35 (B)**

36 (D)。網路售價不一定較實體店面售價低。

37 (C)。標準化：不論總部的採購訂貨、分支店的進貨、商品陳列販售，均按固定的模式或程序來進行。

38 (C)

39 (C)。生產製造型結盟：例如：加油站與面紙製造商廠的合作，加油送面紙、與酒廠合作，加油贈送米酒等。

Chapter 06 行銷管理

P.114 **1 (A)**。獨家性配銷：指製造商在特定區域內只選定一家中間商，獨家銷售其產品。

2 (B)。依產品生命週期（Product Life Cycle，簡稱PLC）可分成四個階段，第三個階段「成熟期」是指銷售雖有增加，但成長緩慢，利潤亦不再成長，產品步入為期最久的成熟期。

3 (B)。炫耀訂價法：利用消費者高價位可以彰顯產品的高品質，或提高使用者身分地位的心理，所採用的訂價方法。

4 (B)。依題意這兩家商店的市場區隔變數以(1)職業別：上班族、學生。(2)消費金額：上班族消費金額較高，學生族群的消費金額較低。(3)使用時機：上班族的聚餐、 學生用餐時段。

5 (D)。推式策略：將重點配置於人力銷售上，即廠商交貨經由推銷員之手，在經過批發商、零售商以至消費者手中。

P.115 **6 (B)**。單一家族品牌：或稱製造商品牌，指以自己製造商的品牌來銷售商品，又稱全國性品牌。

7 (D)。集中行銷策略：指企業只選定一個或少數幾個區隔市場作為目標市場，發展理想的產品，全力以赴，企求目標之實現之行銷策略。

8 (B)。(1)人口統計變數：依年齡、性別、職業、教育程度、所得、宗教等人口特質，作為市場區隔的標準。(2)心理變數：依個性、人格類型、興趣、生活型態、價值觀社會階層等之不同，作為市場區隔的標準。

9 (C)。售價＝單位成本＋$\frac{預期報酬率（\%）\times 投資金額}{預期銷售量}$

$=20+\frac{50\% \times 600000}{20000}$

P.116 **10 (A)**。專賣店的特質：(1)商品線狹窄，但具深度化、(2)專業性服務、(3)重視與顧客的溝通。

11 (B)。有形產品：產品規劃人員把核心產品轉化為有形產品，如化妝品、服飾、音響等，其特徵為款式（或樣式）、品質、功能、品牌與包裝。

12 (A)。導入期：產品剛上市，又稱上市期，銷售量少，成長緩慢，需要大量的廣告與銷售費用，利潤甚微，或是虧損。

13 (B)。集中行銷策略：指企業只選定一個或少數幾個區隔市場作為目標市場，發展理想的產品，全力以赴，企求目標之實現之行銷策略。又稱重點式、密集性或專業性行銷策略。

14 (D)。(1)人口統計變數是依年齡、性別、職業、教育程度、所得、宗教等人口特質，作為市場區隔的標準。(2)購買行為變數是依購買時機、購買目的、使用頻率、追尋利益、品牌忠誠度、對產品忠誠度等行為特質，作為市場區隔的標準。

15 (A)。(1)製造商品牌（Manufacturer's Brands）：指以自己製造商的品牌來銷售產品，又稱全國性品牌。(2)全產品家族品牌（blanket family brands）：指公司在同一個品牌名稱下，銷售所有產品，例如：大同、NIKE以及BenQ就採用此一策略。

P.117 **16 (A)**。由公式損益兩平銷售量＝$\frac{固定成本}{單位售價-單位變動成本}$，已知銷售量＝1,600（台），固定成本＝5,200,000（元），單位變動成本為2,000（元），代入公式得1,600＝$\frac{5,200,000}{單位售價-2,000}$，得 單位售價＝5,250（元）

17 (C)。行銷規劃的步驟，其順序為分析行銷環境→區隔市場→選擇目標市場→市場定位→擬定行銷組合。

18 (C)。(1)選購品是指消費者在購買時需要進行比較後才會決定購買的商品，通常單價比較高且販售的商店數目也較少。(2)深度是指每一個產品項目中還可以供消費者選擇的款式或細目。(3)一開始是採高價的定價方式稱為吸脂訂價法。

19 (A)。產品從開發打入市場，一直到產品無利可圖退出市場的整個過程，稱之為產品生命週期（Product Life Cycle）。可分成四個階段：分別是導入期（銷售量少）、成長期

（銷售量開始增加）、成熟期（銷售量增加但成長緩慢）、衰退期（銷售量大幅下降）。依題意個人電腦（PC）的銷售量下降，表示個人電腦（PC）進入衰退期，手持式行動裝置銷售量大增，表示手持式行動裝置進入成長期。

20 (D)。行銷管理概念的演進依序：(1)生產導向、(2)商品導向、(3)銷售導向、(4)行銷導向、(5)社會行銷導向。行銷導向：企業在真正了解消費者的需要與慾望後來設計產品，再配合各種有效的行銷策略來銷售產品，滿足消費者的需要。故行銷導向又稱顧客導向。

21 (C)。有效市場區隔條件有四個，分別是(1)可衡量性、(2)可接近性、(3)足量性、(4)可行動性。其中可接近性（accessibility）係指經區隔化後的各次級市場可分別由不同之通路或媒體，以供應適合之產品或行銷信息，去接近所選定的目標市場。故在動物園賣動物公仔給動物愛好者，符合可接近性的準則。

P.118 **22 (D)**。差別訂價法：針對消費者身分、地點、時間或產品樣式等之不同，而訂定不同的價格。

23 (D)。行為變數：依購買時機、購買目的、使用頻率、追求利益、品牌忠誠度，對產品忠誠度等行為特質，作為市場區隔之標準。

24 (D)。社會行銷或稱為公益行銷（cause-related marketing）是將公司對某公益活動的貢獻連結到行銷，讓消費者直接或間接參與產生收益的交易。

25 (C)。行銷導向是企業在真正了解消費者的需求與慾望後來設計產品，再配合各種有效的行銷策略來銷售產品，滿足消費者的需要。

26 (B)。產品導向是指企業主主觀認為只要產品品質好、價格合理，沒有任何促銷活動，也可銷售出去，導致企業產生「行銷近視症」。

27 (C)。產品生命週期可分成四階段：(1)導入期、(2)成長期、(3)成熟期、(4)衰退期。營業額達到最高峰是成熟期，利潤達到最高峰是成長期。

P.119 **28 (C)**。價格=5000(1+20%)=6000。

29 (D)。目標市場的選擇策略有三種：(1)無差異化行銷、(2)差異化行銷、(3)集中化行銷。

30 (B)。人口統計變數是指依年齡、性別、職業、教育程度、所得、宗教等人口特質，做為市場區隔的標準。

31 (D)

32 (A)。行銷通路密集度策略有三種：(1)密集性配銷、(2)選擇性配銷、(3)獨家配銷。

33 (A)

34 (C)。利基行銷是指當企業資源有限時，只選擇少數幾個特定的目標市場，推出一項行銷組合。

35 (B)。銷售導向是指企業致力於產品的推銷與促銷，把產品銷售出去獲取利潤，容易發生認知失調。

120 **36 (D)**。引申產品(附加產品)：額外服務或附加利益給顧客，如售後服務、免費安裝、一年內免費維修等。

37 (A)　**38 (B)**

39 (A)。行銷通路密集度策略有三種：(1)密集性配銷、(2)選擇性配銷、(3)獨家配銷。

40 (A)。零階通路是指生產者的產品不透過中間機構，而直接販賣給消費者。又稱直接行銷通路。

41 (D)。消費品的特殊品。

42 (C)

43 (D)。有效的市場區隔條件有四個：(1)可衡量性、(2)可接近性、(3)足量性、(4)可行動性。

121 **44 (A)**。行銷管理觀念的演進：生產導向→產品導向→銷售導向→行銷導向→社會行銷導向。

45 (B)　**46 (B)**

47 (C)。銷售導向是指企業致力於產品的推銷與促銷，把產品銷售出去獲取利潤，容易發生認知失調。

48 (A)。需求導向策略的差別訂價法。

49 (A)。目標利潤訂價法，

$$\text{銷售量}=\frac{\text{固定成本}+\text{目標利潤}}{\text{售價}-\text{單位變動成本}}$$

$$=\frac{500+1000}{2-0.5}=1000\text{。}$$

50 (D)

P.122 **51 (B)**。直效行銷是指透過廣告傳單、電視、廣播、報紙、電話、雜誌等方式來傳遞商品資訊，使消費者透過電話、傳真或網路下訂單並以郵政劃撥或提款卡轉帳方式付款的零售業態。

52 (A)。促銷組合有(1)人員推銷、(2)廣告、(3)銷售推廣、(4)公共關係、(5)銷售促進活動。

53 (D)。社會行銷導向是指企業經營者不僅要重視消費者的需求、權益與企業的利潤，而且要兼顧社會的福利。

54 (A)

Chapter 07 人力資源管理

P.142 **1 (C)**。工作豐富化：是一種具有人性化的措施，透過員工自行規劃、評估及控制責任，以垂直式擴展其工作。

2 (C)。無薪假必須透過勞資協商，使勞方在徹底明白後，方可實施。

3 (D)。刻板印象：考核者常會以員工的個人特質（年齡、性別、學歷、宗教）來評定其表現。

4 (C)。連鎖體系的經營管理遵守3S原則：分別是簡單化、專業化及標準化。依題意(1)屬於標準化、(2)屬於專業化、(3)屬於簡單化。

5 (C)。工作內容或工作說明書，說明每項工作的性質、內容、責任、處理方法和程序的一種書面紀錄。

P.143 6 (C)。獎工制：一種輔助性的薪資制度，當員工工作量超出某個標準時，額外發給員工獎金的薪資制度，可鼓勵員工增加產量，提高生產效率。

7 (D)。績效評估的偏差有(1)標準不明確、(2)輪暈效應（或稱月暈效應）、(3)刻板印象、(4)集中趨勢、(5)分化差異。依題意(1)屬於刻板印象、(2)屬於標準不明、(3)屬於集中趨勢、(4)屬於月暈效應。

8 (D)。(1)工作輪調：調動員工擔任不同的工作，避免員工長期擔任某一工作的倦怠感。(2)工作豐富化：又稱工作充實化，是一種具有人性化的措施，透過員工自行規劃，評估及控制責任以垂直式擴展其工作，這是員工的工作責任深度化的表現。不僅可提升員工的參與感與責任感，同時有更多被認同的機會。

9 (B)。(1)工作規範：說明企業各部門及管理階層的工作職業、工作範圍目標、責任及員工擔任該項工作的基本條件及資格的書面紀錄。(2)獎工制：也是一種輔助性的薪資制度，當員工工作量超過某個標準時，額外發給員工獎金的薪資制度，可鼓勵員工增加產量，提高生產效率。

10 (C)。人力資源規劃的四大基本工具：(1)工作分析、(2)工作評價、(3)職位分類、(4)工作設計。工作分析的撰寫，工作說明書和工作規範：是指工作分析人員將蒐集資料研究分析後，撰寫工作說明書和工作規範分布施行。

P.144 11 (B)。工作豐富化：是一種具有人性化的措施，透過員工自行規劃，評估及控制責任以垂直式擴展其工作。工作輪調：調動員工擔任不同的工作，避免員工產生長期擔任某一工作的倦怠感。

12 (D)。獎工制：一種輔助性的薪資制度，當員工工作量超過某個標準時，額外發給員工獎金的薪資制度，可鼓勵員工增加產量，提高生產效率。

13 (D)。工作分析（Job Analysis）又稱職務分析，係指對企業內每一職位的工作內容、性質、方法、責任與工作人員所需具備的條件，予以分析、研究、並做成工作說明書（Job Description）及工作規範（Job Specification）兩種書面紀錄。工作規範（Job Specification）：說明企業各部門及管理階層的工作職掌、工作範圍、目標、責任及員工擔任該項工作的基本條件及資格的書面紀錄。

14 (C)。薪資制度要考量經濟原則，是指薪資除使員工有足夠收入外，亦應考慮企業的負擔，避免因薪資過高，提高成本，而影響企業的競爭地位。

15 (D)。360度評估（360－degree appraisal）：藉由各種管道的回饋，來為員工評分。

16 (D)。員工訓練的種類可分為職前訓練、在職訓練與職外訓練三種，職前訓練實施對象是新進員工，在職訓練實施對象是在職員工，職外訓練是指受派員工暫時離開現職至訓練單位參加長期間的訓練，本題是指在職訓練的訓練單位。

45 **17 (C)**。工作豐富化：是一種具有人性化的措施，透過員工自行規畫，評估及控制責任以垂直式擴展其工作。

18 (D)。年資制：以員工服務年資作為薪資計算的標準。考績制：以工作的質與量作為薪資的計算標準，是一種輔助性薪資制度。分紅制：從盈餘中提撥一定成數作為紅利分配給員工的制度，是一種輔助性的薪資制度。

19 (B)。工作輪調是工作設計的方法之一，調動員工擔任不同的工作，避免員工長期擔任某一工作的倦怠感。

20 (C)。人力資源管理的原則之一的參與原則：讓員工有實際參與企業決策的機會，使員工有參與感，歸屬與自主感，員工將更具有向心力。

21 (D)。較易帶進創新的觀念與作法是從外部管道招募員工的優點之一。

22 (C)。(1)完整教育訓練課程是屬於教育性福利。(2)高級辦公大樓，交通方便、環境優是屬於設施性福利。(3)結婚生育禮金、年終獎金是屬於經濟性福利。故上述(1)(2)(3)並未包含娛樂性福利。

P.146 **23 (A)**。圖表測量法：此法是將員工擔任工作的各項特性、需求或因素，作為評估的項目，每一評估的項目分別用五種等級，依序排列在測量尺上，考評人員依據員工的表現，在每一項目的圖尺做記號，各項目所得分數的總和即為總分數。

24 (A)。工作規範說明企業各部門及管理階層的工作職掌，工作範圍目標責任及員工擔任該項工作的基本條件及資格的書面紀錄。

25 (D)。(1)勞工正常工作時間，每日不得超過八小時，每週不得超過四十小時。(2)另雇主徵得勞工同意得延長工作時間，其連同正常工時每日不得超過12小時。(3)勞工每七日中應有二日之休息，其中一日為例假，一日為休息日。(4)到職未滿一年者，六個月以上一年未滿者，三日特休假。

26 (B)。設施性福利是指對員工日常生活需要所提供之各項設備或服務。

27 (D)。360度績效評估法是指主管、同事、下屬、供應商、客戶及員工自己等來評核員工的績效表現。

28 (A)。選才是為企業挑選最適宜的人才，施以訓練，安排最適當的工作，以符合企業營運的需要。

P.147 **29 (B)**。市場區隔是行銷管理的工具。

30 (C)。排列法是將同一部門的工作人員，按照工作成績從表現最好的排列到最差的並訂定其考績。

31 (B)。招募方式不同成本亦不同，網路招募之成本較傳統報紙廣告為低。

32 (D)。對累犯者從重議處。

33 (D)

34 (C)。工作規範是說明企業各部門及管理階層的工作職掌、工作範圍、目標、責任及員工擔任該項工作基本條件及資格的書面紀錄。

35 (B)。分等法（或排列法）是依員工表現，選出最佳與最差者、次佳及次差者並訂定其考績。

36 (C)。經濟原則是重視成本效益分析，減少浪費，並講求以最少的成本發揮最大的效果。

P.148 **37 (A)**。工作分析的方法有觀察法、工作日誌法、問卷調查法、會議法、綜合法、面談法。

38 (B)。工作評價係指依據企業內各項工作難易程度、責任大小所需人員資格評定工作的相對價值，是員工薪酬計算、甄選、訓練、升遷的重要依據。

39 (B)。在職訓練實施的對象為在職員工，對在職員工施以新知識、新技能等項目的訓練以強化工作能力及培養儲備人才。

40 (A)。「依員工表現，選出最佳與最差者、次佳及次差者」為排列法。

41 (B)。工作擴大是在工作難度且責任相同的情況下，擴大員工工作範圍。

42 (D)。工作輪調是指調動員工擔任不同的工作，避免員工產生長期擔任某一工作的倦怠感。

43 (A)

P.149 **44 (B)**。工作說明書是說明每項工作的性質內容責任處理方法和程序的一種書面紀錄。

45 (C)。發展原則是配合企業未來的營運需要，做最遠的規劃。

46 (D)。職位分類是指依照工作性質、簡繁難易、責任輕重及所需資格條件等四項標準，加以分析並歸類所有職位的過程。

47 (A)

Chapter 08 財務管理

P.164 **1 (B)**。速動資產＝流動資產－存貨－預付費用－用品盤存，速動比率＝$\frac{\text{速動資產}}{\text{流動負債}}=\frac{300,000-150,000}{120,000}=$ 1.25

2 (B)。由會計恆等式：總資產＝負債＋業主資本＋本期損益，500,000＝300,000＋150,000＋本期損益，本期損益為50,000元（淨利）。

3 (A)。公司利用舉債或發行特別股的方式，來滿足資金的需求，必須支付利息或特別股股利之程度，稱為財務槓桿（Financial Leverage）。

4 (D)。該圖顯示連線的面積愈往外表現愈好，因此產業平均與A公司在短期償債能力的表現，A公司較差，若短期償債能力的指標是以流動比率來衡量，則比率愈低表示短期償債能力愈差。故A公司的流動比率低於產業平均。

65 **5 (A)**。償債能力的指標有流動比率、速動比率、應收帳款週轉率、存貨週轉率、負債比率、負債淨值比率、利息保障倍數與固定費用保障倍數。依題意2018年的流動比率和速動比率都是四個年度最低的，表示償債能力最差。獲利能力的指標有純益率、總資產報酬率與股東權益報酬率。依題意2018年的純益率是四個年度最高的，表示獲利能力最好。

6 (A)。本益比＝$\frac{\text{每股市價}}{\text{每股盈餘}}$，本益比是愈小愈好，愈高愈不好。

2015年 $\frac{48}{3}$，2016年 $\frac{45}{3}$，2017年 $\frac{42}{3}$，2018年 $\frac{60}{5}$，四個年度以2015年的本益比最高。

7 (A)。企業的長期融資的方式計有：(1)發行普通股、(2)發行特別股、(3)發行公司債、(4)保留盈餘。

8 (D)。總資產週轉率＝銷貨淨額／資產總額。總資產轉率是表示企業總資產對銷售活動的利用程度。用來衡量企業運用資產的效率。比率愈高，表示資產的使用效率愈高。依題意105年度的總資產週轉率為1.38，而106年度的總資產週轉率則下降為1.04，表示該公司的資產運用效率有惡化的現象。

P.166 **9 (D)**。財務規劃：是針對企業財務管理作業規劃完成後加以追蹤考核，並及時採取改正措施，俾實際績效能符合預期的標準一種過程。

10 (C)。存貨週轉率＝$\frac{\text{銷貨成本}}{\text{平均存貨}}$

$=\frac{\text{銷貨收入}*(1-\text{毛利率})}{\text{平均存貨}}$

$=\frac{200{,}000*(1-40\%)}{20{,}000}=6$，式中

平均存貨＝$\frac{\text{期初存貨}+\text{期末存貨}}{2}=\frac{10{,}000+30{,}000}{2}=20{,}000$。

11 (C)。發行特別股：企業為迅速取得資金，以優先股利、剩餘財產分派方式所發行的股票。但特別股沒有表決權及董監事的選舉和被選舉的權利。

12 (B)。本益比的公式：本益比＝每股市價／每股盈餘。本益比又稱價格盈餘比率（Price／Earning ratio）。「本」指的是每股市價，就是投資人從市場上購進每股股票的成本；「益」指的是每股盈餘。本益比是衡量投資人需投資多少才可獲得一元之淨利，亦即為賺得一元盈餘所願支付的代價。本益比愈小，表示企業的獲利能力愈大，投資報酬率也愈高。反之，本益比愈大，則表示持有股票的風險愈高。

13 (A)。長期融資是指融資期間在七年以上之融資，其融資方式計有：(1)

發行普通股、(2)發行特別股、(3)發行公司債、(4)保留盈餘。

14 (A)。短期融資是指須在一年內償還的融資。融資的主要方式有下列幾種：(1)交易信用、(2)短期銀行貸款中期融資指融資期間在一年以上，七年以下之融資。融資的方式有：(1)銀行中期貸款、(2)租賃融資、(3)供應商融資、(4)保險公司的抵押貸款。

15 (A)。信用貸款是屬於短期融資，短期融資是指須在一年內償還的融資。該公司預定進行長期投資的融資專案，其償還期限預計15年，是屬於長期融資，故不適合採短期融資的資金作為長期融資之用。

P.167 **16 (B)**。企業的營運資產主要包括現金、有價證券、應收帳款、存貨等流動資產。企業是否有效管理營運資產對其營運成果影響甚鉅。

17 (B)。(A)流動比率是衡量一個企業短期償還能力的指標。流動比率愈大，表示短期償債能力愈強，依題意同業＝2.8大於A公司＝2。(C)本益比是衡量投資人需投資多少才可獲得一元的淨利，本益比愈大則表示持有股票的風險愈高，依題意同業＝20小於A公司＝25。(D)總資產週轉率是表示企業總資產對銷售活動的利用程度。比率愈高，表示總資產的使用效率愈高。依題意A公司＝120%大於同業＝90%。

18 (A)。總資產週轉率＝銷貨淨額／資產總額。「薄利多銷」使得銷貨淨額上升，進而提高總資產週轉率。

19 (B)。企業持有現金的動機有：(1)交易的動機、(2)預防的動機、(3)投機的動機、(4)補償的動機。依題意支付公司債到期所需的資金應由提列償債基金來清償，並非以日常的持有現金作為清償。

20 (A)。

(A)應收帳款週轉率＝

$\frac{\text{賒帳淨額}}{\text{平均應收帳款餘額}}$，週轉率愈高愈好，表示收帳效率佳。

(B)負債比率＝$\frac{\text{負債總額}}{\text{資產總額}}$，負債比率愈高，對債權人較無保障。

(C)流動比率＝$\frac{\text{流動資產}}{\text{流動負債}}$，流動比率愈大，表示短期償債能力愈強。

(D)總資產報酬率＝

$\frac{\text{稅後淨利＋利息費用}}{\text{平均資產總額}}$，總資產報酬率愈高，表示資產運用更有效，即獲利能力愈強。

21 (A)。(B)企業發行特別股有固定發放股利的負擔。(C)特別股股東對於盈餘的分配是優先於普通股。(D)公司債的發行成本較特別股與普通股低。

P.168 **22 (C)**。

$$\text{純益率}=\frac{\text{本期淨利（稅後淨利）}}{\text{銷售淨額}}=$$

$$\frac{300{,}000-50{,}000}{5{,}000{,}000}=\frac{250{,}000}{5{,}000{,}000}=5\%$$

應收帳款週轉率＝

$$\frac{\text{賒帳淨額}}{\text{平均應收帳款餘額}}=\frac{5,000,000}{1,000,000}$$

＝5（次）

平均應收帳款＝

$$\frac{\text{期初應收帳款}+\text{期末應收帳款}}{2}=$$

$$\frac{1,100,000+900,000}{2}=1,000,000$$

假設100年度的銷售皆為賒銷，故賒帳淨額為5,000,000。

23 (B)。為支付公司債到期所需的長期資金不可以用短期資金的來源。

24 (A)。保留盈餘是長期資金來源是企業將過去的獲利累積保留未發放股利的部分。

25 (B)。發行股票是屬於長期融資。

26 (A)。速動比率又稱酸性測驗，若比率愈大企業迅速償債能力的指標。

27 (B)。總資產週轉率是衡量生產力比率分析、存貨週轉率是衡量短期償債能力。

28 (C)。財務管理的目的有三種：(1)維持財務的週轉能力、(2)創造獲利能力、(3)維持償債能力與降低經營風險。

69 **29 (D)**。租賃融資。

30 (D)。平均存貨=50+10/2=30，銷貨成本/平均存貨=60/30=2。

31 (A)。抵押貸款將使負債比例提高，可能會降低企業的償債能力與評價。

32 (C)。流動比率＝

3,000,000/1,000,000＝3，速動比率＝3,000,000－500,000－200,000/1,000,000＝2.3。

33 (A)。最高最低存量控制法中的最高存量是指安全存量與請購量之和。

34 (C)。現金管理原則有三種：(1)安全性、(2)流動性、(3)獲利性。

35 (B)

P.170 **36 (A)**

37 (C)。長期償債能力的指標為利息保障倍數。

38 (A)。純益率＝稅後淨利／銷貨淨額，表示企業平均銷售一元商品，所能賺得的稅後淨利，純益率愈高愈好，為企業獲利能力之衡量指標。

39 (A)。ABC存貨控制法中，銷售項數少、價值高之存貨應歸屬為A類，銷售項數多、價值低之存貨應歸屬為C類，介於兩者之間歸類為B類。

40 (C)　**41 (C)**

42 (A)。企業進行財務規劃時，事先考慮產品銷售數量及預估市占率的做法，是考量市場因素。

43 (A)。速動比率低表示企業迅速償債的能力差。

P.171 **44 (D)**。財務管理的目的有三種：(1)維持財務的週轉能力、(2)創造獲利能力、(3)維持償債能力與降低經營風險。

45 (C)

46 (A)。品德是指客戶履行其清償債務的誠意或意願（可能性）。

47 (C)。票據貼現是屬於「短期融資」。

Chapter 09 商業法律

P.186

1 (C)。依營業秘密法第二條，營業秘密須同時符合三要件：(1)非一般涉及該類資訊之人所知者。(2)因其秘密而具有實際或潛在之經濟價值者。(3)所有人已採取合理之保密措施者。

2 (D)。企業倫理的規範可分成「內部倫理」與「外部倫理」。

依題意：(A)(B)(C)為外部倫理的規範，(D)為內部倫理的規範。

3 (D)。專利的種類3種：(1)發明專利、(2)新型專利、(3)新式樣專利。依題意是屬於發明專利：指利用自然法則之技術思想之創作。

4 (C)。依題意該行為是屬於企業的不道德行為。

5 (A)。著作財產權的範圍有：重製權、改作權、公開播送權。

P.187

6 (A)。智慧財產權涵蓋的商標權、著作權、專利權與營業秘密等。「知悉或持有營業秘密，未經授權或逾越授權範圍而重製，使用或洩漏該營業秘密者。」即違反營業秘密法。

7 (A)。企業中不道德行為對經營的影響：(1)缺乏敬業精神、(2)侵佔公司資源、(3)貪圖私利、(4)欺騙顧客、(5)賄賂。依題意(A)是符合企業倫理的行為。

8 (B)。發明專利：指利用自然法則之技術思想之創作。

9 (A)。營業秘密符合的要件有三：(1)非一般涉及該類資訊之人所知者。(2)因其秘密性而具有實際或潛在之經濟價值者。(3)所有人已採取合理之保密措施者。

10 (B)。

	經銷	代理
與企業關係	買斷關係	代理關係
商品所有權	買斷，商品所有者為經銷商	代為銷售，商品所有者為原製造商
銷售名義	用經銷商自己店面名稱銷售	用原製造商的品牌銷售
利潤來源	買賣價差（售價－成本價）	佣金（以銷售收入的%抽佣）

P.188

11 (D)。

智慧財產權 ＼ 情況	註冊	負損害民事責任	負損害刑事責任
商標權	○	○	○
著作權	×	○	○
專利權	○	○	×
營業秘密	×	○	○

12 (D)。企業功能係指透過投入轉換產出產品或服務以滿足顧客要求的功能，基本上可分為產品與作業、行銷、人力資源、研究發展、財務。政府法令更動，實施「一例一休」，對企業的人力資源方面產生直接影響。

13 (D)。公平交易法規範的行為類型：(1)反托拉斯行為：(A)獨占行為、(B)結合行為、(C)聯合行為。(2)不公平競爭行為。

14 (D)。智慧財產權的內容可分為：(1)著作權：著作人格權、著作財產權。著作財產權受保護期限是著作完成至著作人死亡後50年，而著作人格權則為永久存續。(2)專利權：專利權受保護期限，若是新發明是自申請日起20年，若是新型是10年，若是新式樣也是10年。(3)商標權：新發明、新型、新式樣。商標權受保護期限是註冊公告起10年，但得延長之。

15 (D)。連鎖經營的定義：連鎖經營是指在同一經營體制及政策下，各連鎖商店之店面裝潢、招牌、商品陳列、商品結構、賣場設計、服務方式，管理作業及促銷活動等，均由總部統一運作，遵循一定的標準程序。

16 (A)。(A)我國保護智慧財產權的法律包括：專利法、商標法、著作權法、營業秘密法、積體電路電路布局保護法、植物品種及種苗法、公平交易法。依著作權法第二節第11條，受雇人於職務上完成之著作，以該受雇人為著作人，其著作財產權歸雇用人享有。(B)第三節第15條著作人格權，著作人就其著作享有公開發表之權利。(C)第30條第二款著作財產權，除本法另有規定外，存續於著作人之生存期間及其死亡後五十年。(D)第三節第21條著作人格權，專屬於著作人本身，不得讓與或繼承。

P.189 **17 (B)**。智慧財產權的特性之一具有獨佔性；智慧財產權是保護相關權利人所專有，只有創作發明人或權利所有人能夠行使或使用。

18 (D)。企業倫理的意義：企業倫理是指經營企業時應該避免遵守的準則，企業在追求利潤的同時必須兼顧消費者、員工、供應商、社區等相關者的利益與環境的保護，以落實企業的社會責任。

19 (D)。消費者具有五大基本權利：安全的權利、知曉的權利、選擇的權利、申訴的權利、求償的權利。我國於1994年1月11日完成「消費者保護法」的方法程序，並於同年的1月13日公布實施。

20 (B)。發明專利：指利用自然法則之技術思想之創作。

21 (D)。我國於民國71年制定「商品標示法」，規定標示內容不得造假，令消費者誤解，並不得違背公共秩序與善良風俗。透過正確商品標示的執行，不僅使生產者商譽得以維護，消費者權益也受到保障。

22 **(B)**。(A)無形資產大部份是非標準化的資產，不易評估其市場價值。(C)無形資產在法定年限內，仍要逐年攤銷其價值。(D)無形資產如智慧財產權具有(1)獨占性、(2)無形性、(3)時間性、(4)地域性、(5)國際化。

P.190 **23** **(D)**。商標的期限：權利人自註冊日起算，專用期間為十年。商標權人於專用屆滿期間前後六個月內，得申請延展，每次延展以十年為限。

24 **(D)**。商標是呈現一個企業的產品或服務，讓消費者產生印象的顯著標記。

25 **(D)**。智慧財產權的保障範圍：(1)小說、(2)攝影、(3)音樂、(4)繪畫、(5)作曲。

26 **(D)**。七日內可以無因退貨，此種交易行為受到消費者保護法的保障。

27 **(D)**。消費者保護法所保護的權益：制定與消費行為有關健康與安全保障、定型化契約、特種交易、消費資訊之規範等權益事項。

28 **(C)**。政府法規對於企業的影響：(1)直接性、(2)不可逆轉性、(3)難以預測性。

P.191 **29** **(C)**。設計專利是指對於物品之形狀、花紋、色彩或其結合透過視覺訴求之創作。

30 **(B)**。無正當理由，使交易相對人給予特別優惠。

31 **(D)**。政府機關執行公權力，仍受《個人資料保護法》影響。

32 **(B)**。違反公平交易法的聯合行為。

33 **(C)**。損害賠償請求權，自請求權人知有行為及賠償義務人時起，二年間不行使而消滅。

34 **(D)**

35 **(C)**。營業秘密的成立要件有三：(1)非他人所知、(2)合理保密措施、(3)具經濟價值。

36 **(B)**。民事責任。

P.192 **37** **(A)**。(B)著作財產權包括重製權、改作權、公開播送權。(C)著作財產權存續期間是著作人生存期間加死亡後五十年。(D)製作人格權，不可讓與他人。

38 **(C)**。營業秘密：係指方法、技術、製程、配方、程式、設計或其他可用於生產、銷售或經營之資訊。

39 **(C)**。團體標章是表彰團體或其會員身分與商品或服務相關商業活動並無直接關係。

40 **(A)**。發明專利是指利用自然法則之技術思想之創作。

41 **(B)**。專利的申請要件：(1)進步性、(2)產業利用性、(3)新穎性。

42 **(D)**。著作權所保護的範圍：(1)重製權、(2)改作權、(3)公開播送權。

43 **(B)**。新型專利權期限是自申請日起算十年屆滿。

P.193 **44** **(A)**。(B)商標權為自註冊日起10年(C)發明專利為自申請日起20年。(D)

著作財產權為著作人生存期間及其死亡後50年。

45 (B)。侵犯了著作權。

46 (B)。新型專利，自申請日起10年。

47 (D)。股東是內部倫理。

Chapter 10 商業未來發展

199

1 (D)。業際整合化：是指企業之間利用各自在不同領域的專長，及不同接觸顧客的管道，以各種合作方式，提供顧客更圓滿的服務。

2 (B)。策略性外包：將不適合自行處理的業務外包給其他專業廠商；業務外包可以保持經營上的高度彈性，將上、下游廠商密切地結合，以降低成本、提升品質，達到專業分工效率極大化的效果。

3 (B)。依題意(1)屬於C2B、(2)屬於B2B、(3)屬於C2C。

4 (A)。業際整合化：是指企業之間利用各自在不同領域的專長及不同接觸顧客的管道，以各種合作方式提供顧客更圓滿的服務。

5 (C)。業際整合是指企業之間利用各自在不同領域的專長，及不同接觸顧客的管道，以各種合作方式提供顧客更圓滿的服務，並達到擴大市場規模，增加利潤之目的。

00

6 (B)。穩定策略：企業不變更原有的服務和產品，以維持一貫成長比例。

7 (B)。穩定策略：在經濟不穩定的期間，公司選擇維持現狀。

8 (A)。未來商業的發展趨勢：(1)通路結構整體化、(2)業態多樣化、(3)業際整合化、(4)流通資訊化與物流專業化、(5)經營國際化。

9 (B)。企業總體策略類型有成長策略（growth strategy）、穩定策略（stability strategy）和更新策略（renewal strategy）。(1)成長策略：組織欲透過現有的企業或新的企業，擴大其服務的市場數目或提供的產品。(2)穩定策略：在經濟不穩定的期間，公司選擇維持現狀。(3)更新策略：可解決組織績效下降的策略。

10 (A)。政府目前提倡知識經濟，是希望台灣未來的產業發展，能夠以創新與研發作為發展動力，管理大師Peter Drucker提出：「知識是一種生產要素，而且是全球性經濟環境中最重要的關鍵資源。」

11 (D)。現代商業的特質包括(1)分工專業化、(2)資本大眾化、(3)管理民主化、(4)業務多角化、(5)經營國際化，全球化、(6)作業標準化、(7)商品客製化、(8)資料處理電腦化。

12 (D)。企業的主要策略，依Glueck的說法：(1)穩定策略：在於維持現狀而不作顯著改變。(2)成長策略：提升組織的營運水準。(3)縮減策略：降低營運的規模。(4)混合策略：同時針對組織的不同部分，採行前述兩種或兩種以上的策略，或者在不同時間採行不同的策略。

依題意，某餐飲集團規劃，於2016年增加旗下數種品牌共20個營業據點，此為成長策略。而其中一品牌則統計在關閉3個績效不佳的分店後終止，此為縮減策略。由於同時針對組織的不同部分，採行成長和縮減兩種策略，故該集團在經營上是採取混合策略。

P.201
13 (C)。應用策略性外包：除了企業核心技術外，將不適合自行處理的業務外包給其他專業廠商，業務外包，可以保持經營上的高度彈性，將上、下游廠商密切地結合，以降低成本，提昇品質，達到專業分工效率極大化的效果。

14 (A)。電子商務的三大領域之一企業對顧客（Business to customer，B－to－C或B2C）：是指企業與顧客之間利用電腦網路進行商業行為，例如商情搜集、即時資料報導、網路購物、個人金融理財服務（線上服務）等。

15 (D)。未來商業的經營策略之一是多角化的經營策略：現代化的企業未來不僅經營一個企業，而且跨足其他多種行業以分散風險，使經營穩定，更具彈性。換言之，企業致力於多角化經營不但可以分散風險，而且可以保持本身的競爭力及靈活度，依題意經營自由化原則不屬於營造公司投入百貨零售業可能的動機。

16 (A)。未來商業的發展趨勢有：(1)通路結構整合化、(2)業態多樣化、(3)業際整合化、(4)流通資訊化與物流專業化、(5)經營國際化，但並不包括大量標準化製造。

17 (C)。企業對顧客（Business to Customer，B－to－C）：是指企業與顧客之間利用電腦網路進行商業行為。反之，顧客利用網路工具，整合後再向企業下單，這種是Customer to Business（C－to－B）模式。

18 (D)。因為經營的環境惡化，使得該期間企業獲利不如預期，該企業所面臨的風險稱為市場風險或稱為系統風險。

19 (D)。企業對消費者（Business to Consumer，B to C或B2C）電子商務經營模式，企業直接將商品或服務推上網路，並提供充足資訊與便利的界面吸引消費者選購。

P.202
20 (C)。C to B模式：企業與消費者之間的交易，如網上售物、網上教育、網上其它服務等。

21 (A)。企業對消費者（Business to Consumer，B to C或B2C）電子商務經營模式，企業直接將商品或服務推上網路，並提供充足資訊與便利的界面吸引消費者選購。

22 (B)。商業電子化是指透過電腦網際網路（Internet），來進行各種商業活動。

23 (B)。企業對企業（Business to Business，B to B或B2B）電子商務經營模式，是指企業與企業之間利用電腦科技和網際網路進行如下單等各項商業活動，包括：(1)庫存管理、(2)配送管理、(3)通路管理、(4)付款管理、(5)供應商管理等。

24 (C)。透過同業或異業的策略聯盟方式，結合外部資源以全方位服務提供消費者最完整服務，提升競爭能力，或透過產業合併方式，擴大經營規模，產生經濟規模的效益，擴大市場佔有率。

25 (D)。商業未來發展趨勢：(1)通路結構整合化、(2)業態多樣化、(3)業際整合化、(4)資訊流通化與物流專業化、(5)經營國際化。

26 (D)。成長策略：企業開發更多產業或擴大更多不同的市場來追求更高的目標。

P.203 27 (D)。企業對消費者（Business to Consumer，B to C或B2C）電子商務經營模式，企業直接將商品或服務推上網路，並提供充足資訊與便利的界面吸引消費者選購。

28 (D)。穩定策略：不變更原有的服務與產品，以維持一貫的成長比例。

29 (B)。穩定策略：不變更原有的服務與產品，以維持一貫的成長比例。

30 (A)。企業轉型：為了提升競爭力，傳統產業應研究轉型，或採產品差異化策略，專心發展具有特色的產品以獲得競爭優勢，或延伸企業的服務，或採市場區隔化政策，推出符合目標市場需求之產品以建立競爭優勢，或跨足經營其他獲利業別、或創造產品附加價值，或創新新產品或改良產品之產品開發策略。

31 (B)。降低交易處理成本並提高資訊的時效性，有助於客戶管理及營運績效的提升，整合上下游供應商與客戶，形成產業的資訊網。

32 (C)。G2B是指政府對企業的交易關係；政府採購、政府及其職能部門與企業之間的業務，如政策法規、稅收、審計、國有資產管理等業務。

33 (A)。企業對企業（Business to Business，B to B或B2B）電子商務經營模式，是指企業與企業之間利用電腦科技和網際網路進行如下單等各項商業活動，包括：(1)庫存管理、(2)配送管理、(3)通路管理、(4)付款管理、(5)供應商管理等。

34 (A)。企業對企業（Business to Business，B to B或B2B）電子商務經營模式，是指企業與企業之間利用電腦科技和網際網路進行如下單等各項商業活動，包括：(1)庫存管理、(2)配送管理、(3)通路管理、(4)付款管理、(5)供應商管理等。

P.204 35 (A)。縮減策略：對於成本過高或無法達到獲利的產業予以減少或刪除。

36 (A)。企業對消費者（Business to Consumer，B to C或B2C）電子商務經營模式，企業直接將商品或服務推上網路，並提供充足資訊與便利的界面吸引消費者選購。

37 (D)。C to B模式：企業與消費者之間的交易，如網上售物、網上教育、網上其它服務等。

38 (B)。企業對企業（Business to Business，B to B或B2B）電子商務經營模式，是指企業與企業之間利用電腦科技和網際網路進行如下單等各項商業活動，包括：(1)庫存管理、(2)配送管理、(3)通路管理、(4)付款管理、(5)供應商管理等。

Chapter 11 近年試題

109年 統測試題

P.205 **1 (B)**。商業活動必須同時符合三項條件：(1)發生交易行為；(2)以營利為目的；(3)出於合法手段。

依題意：陳教授以無條件方式借錢給友人不屬於商業活動。

2 (A)。經濟責任：對消費者、股東及員工謀求最大利益，這是企業最必要之基本責任。

3 (A)。內在環境：優勢（S）對競爭者有利。外在環境：機會（O）。

4 (D)。危機管理的原則：(1)積極性；(2)即時性；(3)真實性；(4)統一性；(5)責任性；(6)靈活性；(7)預防重於治療；(8)成本效益性；(9)虛心檢討。依題意：當面臨食安風暴時，在事件發生後馬上承認疏失是符合「即時性」，並誠實揭露所有訊息是符合「真實性」，且承諾只要是該公司出售的問題商品全部回收退費是符合「責任性」。

5 (A)。依題意：開設網路商店的主要獲利來源不包含廣告費。

P.206 **6 (B)**。選擇型商流：製造高需要根據商品的特性，選擇合適的商家來進行商品的流通。

7 (D)。銷售點管理系統（Point of Sales）利用一套具光學掃描功能的收銀機系統，運用其電腦登錄、統計、傳輸資料的功能，能把銷貨、進貨、存貨等資料，透過電腦處理與分析後，列印出各種報表，提供業者營運管理與決策之參考。

8 (C)。零售業對製造商的功能：(1)行銷的功能：製造商可透過零售業將產品轉移到消費者手中，使得製造商專心於製造，不必承擔銷售的風險。(2)倉儲的功能：零售業者為能充分供應消費者需要而多儲存商品，無形中分攤了製造商的倉儲成本。(3)資訊的功能：常會將顧客的反應提供給製造商，無形間也替製造商搜集商品情報，做為改進的參考。

9 (A)。專賣店（Speciality Store）是指專門銷售某一系列商品的零售商店。五金行原先僅銷售五金商品，這稱為專業零售業；之後轉型為賣場，可購足平日所需的物品，則該零售業的經營型態轉型為綜合零售業。

10 (C)。自願加盟連鎖（Voluntary Chain, VC）：由各散各地的零售店，為求享有降低進貨成本及提升競爭能力之連鎖體系優勢，又希望保有商店的獨立自主性，各商店結合起來的連鎖商店。

207 **11 (C)**。(1)標準化（Standardization）：不論總部的採購訂貨，分支店的進貨、商品陳列販售，均按固定的模式或程序來進行。(2)簡單化（Simplification）：去除不必要的作業流程或縮短作業時間，所有作業方式都按照手冊所詳載的內容來運作。(3)專業化（Specialization）：指工作上分工精細，趨向專業化。

12 (D)。銷售通路的運用，一同進行商品企劃的促銷活動，或者針對共同的目標提供顧客服務進行的結盟方式，稱為「行銷及售後服務型結盟」。

13 (A)。獨家性配銷：指製造商在特定區域內只選定一家中間商，獨家銷售其產品。

14 (B)。依產品生命週期（Product Life Cycle，簡稱PLC）可分成四個階段，第三個階段「成熟期」是指銷售雖有增加，但成長緩慢，利潤亦不再成長，產品步入為期最久的成熟期。

15 (B)。炫耀訂價法：利用消費者高價位可以彰顯產品的高品質，或提高使用者身分地位的心理，所採用的訂價方法。

P.208 **16 (C)**。工作豐富化：是一種具有人性化的措施，透過員工自行規劃、評估及控制責任，以垂直式擴展其工作。

17 (C)。無薪假必須透過勞資協商，使勞方在徹底明白後，方可實施。

18 (D)。刻板印象：考核者常會以員工的個人特質（年齡、性別、學歷、宗教）來評定其表現。

19 (B)。速動資產=流動資產−存貨−預付費用−用品盤存，速動比率＝$\frac{\text{速動資產}}{\text{流動負債}}=\frac{300{,}000-150{,}000}{120{,}000}=1.25$

20 (B)。由會計恆等式：總資產＝負債＋業主資本＋本期損益，500,000＝300,000＋150,000＋本期損益，本期損益為50,000元（淨利）。

21 (A)。公司利用舉債或發行特別股的方式，來滿足資金的需求，必須支付利息或特別股股利之程度，稱為財務槓桿（Financial Leverage）。

P.209 **22 (C)**。依營業秘密法第二條，營業秘密須同時符合三要件：(1)非一般涉及該類資訊之人所知者。(2)因其秘密而具有實際或潛在之經濟價值者。(3)所有人已採取合理之保密措施者。

23 (D)。企業倫理的規範可分成「內部倫理」與「外部倫理」。

依題意：(A)(B)(C)為外部倫理的規範，(D)為內部倫理的規範。

24 (D)。業際整合化：是指企業之間利用各自在不同領域的專長，及不同接觸顧客的管道，以各種合作方式，提供顧客更圓滿的服務。

25 (B)。策略性外包：將不適合自行處理的業務外包給其他專業廠商；業務外包可以保持經營上的高度彈性，將上、下游廠商密切地結合，以降低成本、提升品質，達到專業分工效率極大化的效果。

110年 統測試題

P.210

1 (B)。作業標準化：現代企業為求降低成本，提高利潤，採取作業標準化方式，將產品的型式、規格、品質及製造程序均製作一定的標準，便利行銷與管理。

2 (B)。企業自許為「企業公民」要將大眾所關心的社區議題納入考量，用心扮演社區「照護者」角色。社區議題的活動範圍一般可分為三大方面：環境保護、社會參與及教育文化推動。

3 (A)。亨利．明茲伯格（Henry Mintzberg）認為管理者的角色可以分成三大類：人際角色、資訊角色及決策角色。人際角色有代表人物、領導者以及聯絡人。資訊角色的是監控者、傳播者以及發言人。決策角色是創業家、危機處理者、資源分配者以及談判者。

4 (D)。合夥風險指的是共同創業的夥伴因理念、分工、職位、意見分歧等因素而拆夥的風險。

5 (C)。增長性策略（SO）：就是依據內部優勢（S）去抓住外部機會（O）。扭轉性策略（WO）：就是利用外部機會（O）來改善內部劣勢（W）。

P.211

6 (B)。廣義的物流則是結合上游材料市場與下游銷售市場之物品的流通，包括材料之採購、進貨、半製品之管理、及製成品之包裝、倉儲等。

7 (C)。超級市場：超級市場簡稱超市（Supermarket），是一種銷售生鮮食品之場地達到一定面積，以銷售食品為主，日用品為輔，顧客自助服務的大型賣場。

8 (D)。多層次傳銷：多層次傳銷是指公司利用許多層次的傳銷商或個人來販售商品的零售業態。每一個傳銷商或個人除了可以銷售商品賺取利潤外，還可以自行招募下一層的傳銷商或個人以建立其銷售網，並透過此一銷售網來銷售商品，以賺取利益。銷售網可一層層往下延伸，這種上下層之間的關係即稱為「上線」及「下線」，下線愈多，愈上線的傳銷商獲利也就愈多。

9 (C)。特許加盟連鎖（Franchise Chain 1, FC1）：又稱授權加盟連鎖，係指總部將一套完整的經營管理策略、產品與服務制度，授權給加盟店使用。加盟店與總部（即授權者）簽約，接受其經營技術、指導與訓練。加盟店須支付總部加盟金、保證金及按期繳納權利金。例如7-ELEVEN、麥當勞、必勝客等。

加盟店的資本及所有權可保持獨立，但透過總部完備的支援，可大幅提高競爭能力。

P.212 **10 (D)**。行銷及售後服務結盟：以銷售通路的運用，與結盟廠商共同進行商品的促銷，或針對特定的共同目標客戶，共同提供商品或服務。

11 (C)。政府各項微小型企業創業輔導與措施：(1)微型創業鳳凰貸款。(2)青年創業貸款。(3)創業諮詢服務中心。(4)青輔會飛雁專案。

12 (D)。地理變數：利用地理或自然環境之差異，作為市場區隔之標準。例如地區、行政區、都市化程度、氣候等。

13 (D)。潛在產品：它是在核心產品、形式產品、期望產品、附加產品之外，能滿足消費者潛在需求的，尚未被消費者意識到，或者已經被意識到但尚未被消費者重視或消費者不敢奢望的一些產品價值。

14 (C)。競爭導向有三種訂價法：

(1)追隨領袖訂價法：根據市場上的同業領袖的價格來定價。

(2)現行價格訂價法：係指依據現有市場競爭者的價格標準，訂定相同或相近的價格。

(3)競標訂價法：係依據臆測競爭對手可能的訂價為考量，來訂定產品價格的方法。

P.213 **15 (A)**。產品組合的寬度（廣度）：意指該公司有多少種不同的產品類型，依題意有3種產品類型。

16 (C)。工作擴大化：在工作難度及責任相同情況下，擴大員工工作的範圍。

17 (A)。360度回饋（360 Degree Feedback）：藉由主管評估方式之外，亦綜合同儕互評、部屬評估主管、員工自我評估以及顧客評估等多面向的評核結果，再對員工做出評價。

18 (D)。娛樂性福利：指提供員工各種休閒娛樂活動，以增進員工身心健康。教育性福利：指提供員工或其家屬教育方面的措施或服務。

19 (A)。總資產週轉率＝銷貨收入淨額÷平均資產總額，用來衡量資產對銷貨收入之貢獻程度，及資產的使用效率。其中銷貨收入淨額是由損益表得知。

20 (B)。公司債的債權人不能參與企業的經營，不影響企業的管理權。

P.214 **21 (C)**。營業毛利＝銷貨收入－銷貨成本，300＝1000－銷貨成本，得銷貨成本＝700，平均存貨＝$\frac{\text{期初存貨}+\text{期末存貨}}{2}$＝$\frac{80+120}{2}$＝100，存貨週轉率＝$\frac{\text{銷貨成本}}{\text{平均存貨}}=\frac{700}{100}=7$

22 (A)。智慧財產權的著作權：著作人格權，不得讓與或繼承。

23 (C)。常見的企業不道德行為，舉例如下：

(1)生產或銷售黑心產品。

(2)做不實的廣告。

(3)聯合其他業者制定統一的價格以控制市場。

(4)囤積貨物以哄抬價格。

(5)提供不實的財務報表。

(6)淘空公司資產剝奪股東財富。

(7)勾結利誘廠商或政府官員。

(8)侵犯他人的智慧財產權。

(9)生產過程造成污染環境。

24 (C)。使用EOS系統之效益主要為：

(1)簡化訂單作業、降低人工作的成本。

(2)可少量多樣訂貨，符合顧客的消費需求。

(3)可以縮短與供應商之間訂貨作業時差，降低缺貨率，並可有效控制安全存量。

使用EDI系統之效益主要為：

(1)提供正確而完整的資訊。

(2)增進作業的效率。

(3)降低成本，提升競爭能力。

25 (A)。善用策略聯盟或產業合併：透過同業或異業的策略聯盟方式，結合外部資源以全方位服務提供消費者最完整服務，提升競爭能力，或透過產業合併方式，擴大經營規模，產生經濟規模的效益，擴大市場佔有率。

111年 統測試題

P.215

1 (C)。生產感受化產品，其實就是體驗式行銷的概念，體驗式行銷的定義是「消費者經由觀察或參與某件事後，感受到刺激而引發動機，產生消費行為或思考的認同，增強產品價值」。此外，為什麼不是「生產客製化產品」呢？這是為顧客量身訂製所需的商品，乃站在生產者的立場思考消費者的需求。體驗式行銷則是站在消費者的立場在參與過程中滿足其消費需求，所以體驗式行銷與生產客製化是不同的。

2 (C)。企業願景：它是企業的核心理念（價值觀、核心價值），它是企業使命的未來展望（未來目標）。

3 (C)。多名工程師離職，流出部分關鍵技術此為內部風險，屬於經營風險。

4 (D)。威脅：是指外在環境不利企業發展的隱憂，可能影響企業營運或蒙受損失。

5 (A)。近距離無線通信（NFC），又稱「近場通訊」，是一種短距離的高頻無線通信技術，透過電子設備之間進行非接觸式點對點數據傳輸，交換數據。

P.216

6 (D)。易逝性：是指服務無法加以儲存。

無形性：服務是無形的，是摸不著的，無法具體碰觸的。

同時性：服務的生產、行銷和消費，

這三個流程幾乎是同時發生的，是不可分的。

7 (B)。營業型（混合型）物流中心：是指擁有商品所有權，並從事商品銷售的物流中心。

8 (D)。量販店結合倉儲與賣場，係屬於大量進貨、大量銷售的零售業態。

9 (A)。人員直銷是指銷售人員與顧客直接接觸，面對面地說服顧客購買商品的零售業態。

10 (A)。合作加盟連鎖（Cooperative Chain, CC）：係由性質相同的零售店、共同投資設立總部，負責統籌採購、廣告、促銷等活動而形成的一種連鎖關係。

P.217 **11 (C)**。異業結盟（Alliances Among Different Layers）是指兩種或兩種以上不同的業種，基於共同的目標，以訂定契約的方式相互結合，使雙方資源充分發揮，產生最大的營業效果，簡言之，即不同行業的結合。依題意雙北捷運與公車業者兩者皆為交通運輸業非不同行業。

12 (B)。集中性行銷：指企業只選定一個或少數幾個區隔市場作為目標市場，發展理想的產品，全力以赴，企求目標之實現之行銷策略。又稱重點式、密集性或專業性行銷策略。

13 (D)。拉式策略：企業對於消費者實施充分的廣告宣傳以刺激消費者的需求，使顧客自動到店中指名購買各式品牌的產品。

14 (D)。衰退期時，產品的銷售量及利潤均大幅下降。因此可採用集中性行銷策略吸取剩餘利潤。

P.218 **15 (B)**。中間商品牌：指製造商將產品售給中間商，由中間商冠上自己的品牌來銷售，亦稱私人品牌（Private Brand）或自有品牌。

16 (A)。在職訓練（On-the-job Training）：其實施對象為在職員工，對在職員工施以新知識、新技能等項目的訓練以強化工作能力及培養儲備人才。

職外訓練（Off-the-job Training）：指受派員工，暫時離開現職至學術機構、企管顧問公司或專業訓練中心參加長期間的訓練，參加此種訓練者，視其期間長短可給予公假、帶職帶薪或留職停薪等不同待遇。

職前訓練（Before-job Training）：實施對象為新進員工，訓練重點在使新進員工瞭解企業組織的政策與規章、工作環境的認識及工作所需知識與技能，以期能順利的適應工作。

P.219 **17 (A)**。專業化：將不同工作分由不同專業人員負責，講求專業專精，注重工作的方法及工作效率。

簡單化：減少工作流程以提升工作效率。

工作豐富化：是一種具有人性化的措施，透過員工自行規劃、評估及控制責任以垂直式擴展其工作。

工作擴大化：在工作難度及責任相同情況下，擴大員工工作的範圍。

18 (B)。獎懲是指企業依據績效評估的結果給予員工獎勵或懲戒的措施，而「獎重於懲」是企業組織實施獎懲的原則。

19 (A)。成長策略：企業開發更多產業，或擴大更多不同的市場來追求更高的目標。

P.220 **20 (B)**。財務管理目的（目標）：妥善的財務制度可以提升企業對資金控制與財務規劃的效率，而有效降低企業的各種經營風險。

21 (D)。權益比率＝1－負債比率。2020年權益比率：A公司＝1－40%＝60%，B公司＝1－32%＝68%，故B公司大於A公司。

22 (C)。財務結構是以負債比率與權益比率來分析。負債比率越高，財務結構越差。權益比率越高，財務結構越佳。

2019年負債比率：A公司＝38%＞B公司＝29%，

2019年權益比率：A公司＝1－38%＝62%＜B公司＝1－29%＝71%，故B公司優於A公司。

2020年負債比率：A公司＝40%＞B公司＝32%。

2020年權益比率：A公司＝1－40%＝60%＜B公司＝1－32%＝68%，故B公司優於A公司。

P.221 **23 (B)**。分工專業化：現代企業的規模日益擴大，商品的種類日漸繁多，為了效率與品質，企業不得不將工作分工，並講求專精，故工作的內容走向分工專業化。屬於異業結盟的「生產製造型結盟」。

24 (B)。營業秘密的訴訟是屬於告訴乃論。

25 (C)。智慧創作專用權：原住民族基本法第13條規定：「政府對原住民族傳統之生物多樣性知識及智慧創作，應予保護，並促進其發展；其相關事項，另以法律定之。」因此，「為保護原住民族之傳統智慧創作，促進原住民族文化發展」

「智慧創作專用權」受到永久保護，即使智慧創作專用權人消失，其專用權之保護，仍視同存續而歸屬於全部原住民族享有。（條例第15條）

112年 統測試題

P.222 **1 (A)**。資本是指提供生產或營業使用之資金、機器設備、商標及專利權等，故蘋果logo商標屬於商業經營要素的資本。

2 (D)。SO策略（增長性策略）是指內部有優勢，外在有機會。

內部有優勢是指該連鎖咖啡店的作為，外在有機會是指國內飲用咖啡需求日益增加。

3 (C)。危機發生時，立即啟動應變機制。

真實性原則是指企業應將危機發生的真正原因、損害、影響範圍及企業處理情形真實地對外公布，才能防止流言蔓延，避免危機惡化。

4 (C)。職業災害保險：是企業為了員工因執行職務導致傷害、失能、疾病、死亡或失蹤等情事，給予職災醫療及現金補償，以提供員工或其家屬生活保障，而向保險公司投保的保險。

P.223 **5 (A)**。勞務效用是指提供勞務以滿足消費者的需求，依題意外送員的騎車運送宅配是提供勞務的運輸配送。

6 (B)。零售商成立的物流中心：是零售商為了因應少量多樣的配送需求，降低配送成本，提高議價空間，以向上整合批發商物流作業的方式而成立。

7 (C)。超市的特徵有：

(1)營業時間：營業時間固定且幾乎全年無休。

(2)營業地點：通常位於住宅社區附近。

(3)商品種類：商品品項多，以食品為主，日用品為輔，可滿足消費者一次購足所需商品的需求。

(4)商品價格：大多設定在中價位，一般介於便利商店與量販店之間。

(5)目標客群：附近住宅社區的住戶為主。

(6)銷售方式：多採自助式銷售。

8 (A)。自願加盟：是由加盟者百分之百出資設立店面及支付各項費用，並與連鎖總部簽訂連鎖契約的連鎖型態。

P.224 **9 (B)**。行銷及售後服務型結盟：是以針對共同的目標顧客群提供服務，共同進行商品企劃與促銷活動，或共同運用銷售通路等方式所進行的結盟。

10 (B)。微型企業的經營特色：

(1)組織規模小：員工人數少，命令傳達與內部溝通迅速。

(2)員工相互支援性強：一人兼任數職，員工之間可迅速互相補位支援。

(3)經營彈性大：機動性高，能保有靈活應變的空間與經營彈性。

11 (B)。人員推銷：是由銷售人員在不固定地點，以面對面方式，直接向消費者推銷產品。

公共關係：又稱「公共宣傳」，是透過產品發表會、義演、義賣、公開演講等活動的舉辦，發行宣傳手冊等刊物，或以不付費方式，藉由電視新聞等大眾傳播媒體的報導，將有利於企業或產品的訊息傳達給消費者，達到宣傳的效果。

12 (A)。直營連鎖是由連鎖總部直接投資經營各連鎖店的連鎖型態。

直營連鎖的經營特色：

(1)店面所有權：歸總部擁有。

(2)決策管理權：歸總部所有。

(3)費用分擔：由總部負擔全部費用。

(4)營業利潤分配：總部享有100%的營業利潤。

P.225 **13 (A)**。$\text{訂價}=\dfrac{\text{固定成本}}{\text{損益兩平衡點銷售量}}+\text{單位變動成本}$

$$\text{訂價}=\frac{500000}{5000}+20=100+20=120$$

14 (D)。基本產品：又稱實際產品、正規產品或有形產品，是指具有能達到根本利益之最基本功能的產品；如果少了此基本功能，該產品就不能稱為其產品名稱。

15 (B)。工作規範：說明工作人員從事業某項工作所須具備的學經歷、技能、經驗與人格特質等之書面文件。

P.226 16 (C)。勞基法對工時的規定：

(1)正常工時：每日不得超過8小時，每週不得超過40小時。

(2)加班：連同正常工時每日不得超過12小時，每月加班總工時不得超過46小時。

17 (D)。績效評估易犯的錯誤有暈輪效果、刻板印象與趨中效果，企業應建立明確的評估標準，力求公平客觀，避免上述錯誤，以確保績效評估的可靠度。

18 (D)。專利權的期限其中的發明專利，自申請日起20年。醫藥品、農藥品或其製造方法之發明專利權得申請延長（最長5年），以一次為限。

P.227 19 (C)。發行公司債：是企業以發行債券的方式，向社會大眾籌措資金（即以「舉債」方式籌資）。

20 (D)。財務結構分析，有「權益比率」，以丁品牌最高，經營能力分析，有「應收帳款週轉率」。以甲品牌最高。

21 (A)。直效行銷：是企業以非面對面的方式（如網路、電視、電話、信件等），來傳遞產品訊息，與消費者互動溝通，促使消費者在未檢視實體商品的情況下購買商品。

落實消費者權益之保護：(1)訂定消費者保護法令；(2)規範商品標示；(3)規範定型化契約；(4)規範特種交易行為。

提升商業技術水準：(1)推動商業自動化及電子化；(2)加強商業經營管理輔導。

P.228 22 (D)。虛實整合（online to offline, O2O）電子商務模式，是指線上（online）訂購，線下（offline）消費，較適合於需到實體店面內消費的商店。

通路結構整合化：是指利用電子訂貨系統（Electronic Ordering System, EOS）、電子資料交換系統（Electronic Data Interchange, EDI）等工具，整合製造商、批發商至零售商的產銷流程，使企業能即時掌握消費者的回應，以強化供應鍊的應變能力並提升配銷效率。

P.229 23 (C)。食品安全衛生管理法規範食品的標示及廣告管理包括：(1)食品包裝應標示事項；(2)食品廣告應注意事項。

財產保險是指以財產及其有關利益為保險標的之保險，例如火災保險、海上保險、責任保險。

24 (B)。甲類存貨價值最高，需實行A類的存貨管理。

24 (B)。甲類存貨價值最高，需實行A類的存貨管理。

25 (C)。選擇支付工具的考量因素，其中的「便利性」是指業者應接受消費者常用的付款方式，以增加成交的機會。

113年 統測試題

30

1 (A)。增長性策略（SO）：某汽車業者擁有先進電動車電池的開發及製造能力就是依據內部優勢（S），而電動汽車的需求在減碳政策以及科技進步等多項刺激下明顯增加即抓住外部機會（O）。

2 (A)。產品責任險：被保險人生產、銷售、分配或修理的產品發生事故，造成用戶、消費者或其他任何人的人身傷亡或財產損失，依法應由被保險人承擔的損害賠償責任。

公共意外責任險：主要承保被保險人在其經營的地域範圍內從事生產、經營或其他活動時，因發生意外事故而造成他人身傷亡和財產損失，依法應由被保險人承擔的經濟賠償責任。保險人承擔的經濟賠償責任。

3 (C)。購物中心是集店中商家以販賣特定的物品為主（業種）與以商品的銷售方式為基礎來區分（業態）於一身的零售業態。

4 (B)。數位化商品：透過網路行銷不但有利於資料檢索，而且可以結合文字、圖形、影音等電腦多媒體的功能，使數位化商品呈現的方式更為豐富。

5 (A)。特許加盟連鎖（Franchise Chain 1, FC1）：又稱授權加盟連鎖，係指總部將一套完整的經營管理策略、產品與服務制度，授權給加盟店使用。

P.231

6 (D)。異業結盟的優點：(1)提升企業知名度。(2)在互補下提升業績。(3)共享資源，降低成本及風險。(4)增加競爭力。(5)便利消費。

7 (#)。人口統計變數：依年齡、性別、職業、教育程度、所得、宗教等人口特質，作為市場區隔的標準。所以業者是以「所得」推出限量版的豪華車。

心理變數：依個性、人格類型、興趣、生活型態、價值觀、社會階層等之不同，作為市場區間的標準。所以業者是以「社會階層」推出限量版的豪華車。

本題官方修正答(B)或(C)均給分。

8 (D)。產品生命週期成長期的特徵：產品已被消費者接受，銷售量開始增加，使企業開始獲利，但也會導致新的競爭者加入，它的推廣策略是：強調品牌差異，搶占新增客群。

9 (B)。標準不明確：不同考核者對於「好」、「普通」有不同的定義。

集中趨勢：考核者為了避免給予過高或過低的分數，普遍會採取趨向中間值的分數，這種集中趨勢的方法，無法分出員工實際績效的優劣。

「輪暈效應」（Hallo Effect）或稱月暈效應：考核者以員工某項較為優異的特質來評估員工整體的實際表現。

刻板印象：考核者常會以員工的個人特質（年齡、性別、學歷、宗教）來評定其表現。

P.232 **10 (D)**。存貨週轉率$=\frac{\text{銷貨成本}}{\text{平均存貨}}$

$$=\frac{800}{\frac{300+100}{2}}=4$$。

11 (C)。新型專利：利用自然法則之技術思想，對物品之形狀、構造或裝置之創作。

12 (D)。侵害他人的商標權：須負擔民事責任或刑事責任。

P.233 **13 (B)**。合夥：由二人或二人以上訂約，共同出資經營，並由二人或二人以上訂約，共同出資經營，並共負盈虧的商業組織，不具法人資格，負連帶無限清償責任。

14 (C)。商品客製化：許多企業為迎合現代消費者多樣化的需求，在商品方面改採客製化方式來生產，為顧客量身訂製所需的商品，來適應消費者品味的需求。

15 (C)。零階通路：生產者的產品不透過中間機構，而直接販賣給消費者。又稱直接行銷通路。

16 (D)。使用POS系統之效益主要在於：(1)提供商品資訊。(2)加快結帳的速度，減少人為疏失及錯誤。(3)加強採購管理的工作。(4)強化決策分析之系統作業。

P.234 **17 (A)**。信用卡：特定的信用卡額度，持卡人可在此額度內於特約商店內刷卡消費，具有延遲付款的功能。還款可採全額或繳付部分帳款。

18 (C)。職外訓練（Off-the-job Training）：指受派員工，暫時離開現職至學術機構、企管顧問訓練，參加此種訓練者，視其期間長短可給予公假、帶職帶薪或留職停薪等不同待遇。

19 (D)。薪資制度的激勵原則：應具有激勵員工發揮潛力的作用。

P.235 **20 (B)**。毛利率$=\frac{\text{銷貨毛利}}{\text{銷貨淨額}}=\frac{3960}{7200}=0.55$，本益比$=\frac{\text{每股市價}}{\text{每股盈餘}}=\frac{240}{12}=20$

21 (A)。本益比愈大，表示投資者每賺一元所需支付的成本愈大，持有股票的風險愈高，但也表示投資者看好企業未來成長性，願以較高價格購買股票。

P.236 **22 (#)**。形式生產：改變原料原來樣式。依題意將石斑魚加工，這是改變原料原來樣式。

效用生產：又稱為商業生產，改變商品的所在地點、使用時間或進行所有權移轉的生產。依題意將石斑魚加工後，外銷到其他國家，這是改變商品的所在地點或進行所有權移轉的生產。

本題官方修正答(B)或(C)均給分。

23 (D)。風險承擔性：面對經營環境的不確定性，具有冒險與挑戰的精神。

24 (B)。企業對消費者（Business to Consumer B to C或B2C）電子商務經營模式：企業直接將商品或服務推上網路，並提供充足資訊與便利的界面吸引消費者選購，是網路上最常見的銷售模式。

25 (A)。巨量資料（Big data），又稱為「大數據」，是指龐大程度和複雜度高到傳統資料處理應用程式和系統無法充分處理的結構化和非結構化資料集。

Notes

千華會員享有最值優惠!

立即加入會員

會員等級	一般會員	VIP 會員	上榜考生
條件	免費加入	1. 直接付費 1500 元 2. 單筆購物滿 5000 元	提供國考、證照相關考試上榜及教材使用證明
折價券	200 元	500 元	
購物折扣	‧平時購書 9 折 ‧新書 79 折 (兩周)	‧書籍 75 折 ‧函授 5 折	
生日驚喜		●	●
任選書籍三本		●	●
學習診斷測驗(5科)		●	●
電子書(1本)		●	●
名師面對面		●	

facebook

公職 · 證照考試資訊

專業考用書籍｜數位學習課程｜考試經驗分享

f 千華公職證照粉絲團

按讚送E-coupon

Step3. 粉絲團管理者核對您的會員帳號後，將立即回贈e-coupon 200元。

千華 Line@ 專人諮詢服務

- 有疑問想要諮詢嗎？歡迎加入千華LINE@！
- 無論是考試日期、教材推薦、勘誤問題等，都能得到滿意的服務。
- 我們提供專人諮詢互動，更能時時掌握考訊及優惠活動！

國家圖書館出版品預行編目(CIP)資料

商業概論完全攻略 / 王志成編著. -- 第三版. -- 新北市：
千華數位文化股份有限公司, 2024.07
面； 公分
升科大四技
ISBN 978-626-380-566-8(平裝)
1.CST: 商學

490 113010006

[升科大四技] 商業概論 完全攻略

編　著　者：王　志　成

發　行　人：廖　雪　鳳
登　記　證：行政院新聞局局版台業字第 3388 號
出　版　者：千華數位文化股份有限公司
地址：新北市中和區中山路三段 136 巷 10 弄 17 號
電話：(02)2228-9070　　傳真：(02)2228-9076
客服信箱：chienhua@chienhua.com.tw

法律顧問：永然聯合法律事務所
編輯經理：甯開遠
主　　編：甯開遠
執行編輯：陳資穎
校　　對：千華資深編輯群
設計主任：陳春花
編排設計：邱君儀

千華官網／購書

千華蝦皮

出版日期：2024 年 7 月 20 日　　第三版／第一刷

本書如有勘誤或其他補充資料，
將刊於千華官網，歡迎前往下載。

[升科大四技] 商業概論 完全攻略

出版日期：2024 年 7 月 20 日 第三版／第一刷